深圳职业技术大学"十四五"规划教材

移动端UI设计

主编 袁守云 刘 腾

·上海·

内容提要

本书依据高等职业教育数字媒体艺术设计专业人才培养方案编写,是主要针对高职及应用型本科学生开发的专业教材。本书详细阐述了"人工智能+5G"时代前沿的移动端 UI 设计和交互功能实现技术,包括移动端界面设计概念、用户需求研究、视觉化信息设计、界面交互设计、视觉设计规范与应用和原型制作与交付共 6 个项目。每个项目由项目描述、学习目标、任务实践、项目实训等部分构成,充分发挥项目式教学优势,整合相关知识与技能模块,并配套课程标准、教学课件、经典案例、微课视频、经验技巧、习题问答等数字化共享教学资源包,构筑以学习者为中心的移动端 UI 设计全流程课程体系。

本书可作为职业院校或本科院校软件工程、电子商务、平面设计等专业的课程教材,也可作为 UI 设计初学者的参考用书。

图书在版编目(CIP)数据

移动端 UI 设计 / 袁守云,刘腾主编. -- 上海:同济大学出版社,2023.11
ISBN 978-7-5765-0849-9

Ⅰ.①移… Ⅱ.①袁… ②刘… Ⅲ.①移动终端-应用程序-程序设计-高等职业教育-教材 Ⅳ.①TN929.53

中国国家版本馆 CIP 数据核字(2023)第 106707 号

移动端 UI 设计

主编 袁守云 刘 腾

责任编辑 张 莉　　**助理编辑** 屈斯诗　朱华茗　　**责任校对** 徐逢乔　　**封面设计** 陈益平

出版发行	同济大学出版社　www.tongjipress.com.cn (地址:上海市四平路 1239 号　邮编:200092　电话:021-65985622)
经　销	全国各地新华书店
制　作	南京月叶图文制作有限公司
印　刷	江苏凤凰数码印务有限公司
开　本	787 mm×1092 mm　1/16
印　张	10.75
字　数	268 000
版　次	2023 年 11 月第 1 版
印　次	2023 年 11 月第 1 次印刷
书　号	ISBN 978-7-5765-0849-9
定　价	45.00 元

本书若有印装质量问题,请向本社发行部调换　　版权所有　侵权必究

前 言
FREFACE

  以手机、平板电脑和智能穿戴设备为代表的众多移动端产品促进了日常生活的数字化转型，与产品配套的 UI 设计尤其注重以设计思维来规划产品形态，对 UI 设计师的原创及商业应用能力的要求也在不断提高。目前国内已出版的移动端 UI 设计或界面设计的教材相对较少，能紧密结合市场及岗位需求的优秀参考图书更是缺乏。本书在兼顾理论知识的前提下，突出实际应用开发效果，主要针对目前交互界面设计领域内的移动端产品，贯穿 UI 设计师的整个工作流程，对学生的快速入门和专业素养提升具有较好的指引效果。

  本书在编写体例上遵循项目化课程原则，将教学内容设计成 6 个项目，每个项目下再细分工作任务。为避免理论知识与实践操作相分离，编者将实操指导作为核心内容，在具体任务的执行过程中导入相关原理，做到有理有据。读者在使用本书过程中，可以单独就某个项目进行训练，也可以按步骤完成 6 个项目训练，最终掌握完整的移动端 UI 设计流程。本书编写期间正值党的二十大召开，编者结合知识点作背景引导，将党的产业政策融入学生对互联网经济与 UI 设计课程的认知理解中。编者按照课程思政要求选用教学案例，重点培养学生的新媒体设计技能，同时重视提升学生的文化修养和培养学生的创新、敬业、爱国情怀。

  本书涉及的数据信息和图像资料仅供教学分析使用，版权归原作者及著作权人所有，对此向他们表示感谢。本书由袁守云、刘腾任主编，限于编者水平，不足之处在所难免，恳请广大读者批评指正。

编 者
2023 年 5 月

电子资源

目 录
CONTENTS

前言

001　项目 1　移动端界面设计概念
002　任务 1.1　初识移动端 UI 设计
005　任务 1.2　建立移动端 UI 设计的交互意识
010　任务 1.3　熟悉移动端 UI 设计的工作流程
013　任务 1.4　明确移动端 UI 设计师的职业能力要求
017　项目实训

018　项目 2　用户需求研究
019　任务 2.1　掌握用户研究方法
023　任务 2.2　撰写用户需求分析报告
031　任务 2.3　撰写产品概念设计报告
040　项目实训

041　项目 3　视觉化信息设计
042　任务 3.1　搭建产品视觉信息框架
059　任务 3.2　梳理视觉信息的含义
062　任务 3.3　组织信息的视觉表达
069　项目实训

070　项目 4　界面交互设计
071　任务 4.1　掌握交互设计的原则
077　任务 4.2　推导交互设计的内容
083　任务 4.3　撰写交互设计文档
092　项目实训

093　项目 5　视觉设计规范与应用
094　任务 5.1　熟悉基本视觉设计规范

116　　任务 5.2　设计核心界面的视觉要素
124　　任务 5.3　i深职界面视觉设计实践
134　　项目实训

135　**项目 6　原型制作与交付**
136　　任务 6.1　制作高保真产品原型
152　　任务 6.2　整理产品交付文档
163　　项目实训

164　**参考文献**

项目 1

移动端界面设计概念

▶ 课　时

4 学时

▶ 项目描述

本项目从移动端数字产品界面的概念开始讲解,包括初识移动端 UI 设计、建立移动端 UI 设计的交互意识、熟悉移动端 UI 设计的工作流程以及了解移动端 UI 设计师的职业能力要求共四项具体任务。每项具体任务都力求让学生在了解界面设计理论知识的基础上深入思考产业发展和专业技术,切实提升理论认知与知识内化水平,为后续设计实践奠定基础。在数字经济高速发展的时代背景下,学生应主动探索移动端产品在数字化生活的日常应用场景中承担的关键任务;熟悉移动端 UI 设计的特点,结合数字媒体艺术设计的专业特点思考 UI 界面设计的文化内涵与表现形式。

通过本项目的学习,学生将全面清楚地了解本课程的基础概念,从而有针对性地开展学习与实践。

▶ 学习目标

知识目标	1. 明确移动端界面设计的范畴
	2. 了解移动端 UI 设计的特点
	3. 了解当前互联网产业发展趋势
	4. 了解交互设计的发展历程
	5. 熟悉交互设计的主要类型
	6. 熟悉交互设计的基本流程
能力目标	1. 能够客观评价移动端主流操作系统的 UI 设计
	2. 熟悉移动端产品开发流程
素质目标	1. 主动关注行业新技术、新动向与市场需求新趋势
	2. 积极关注国家产业政策和移动互联网行业取得的重要成就

任务 1.1 初识移动端 UI 设计

1.1.1 移动端 UI 设计的基本定义

近年来,数字化造就了全新的生活场景,仅仅在消费领域,新一代数字技术的应用场景就已经遍及生活的方方面面。常见的数字政务(如深圳市政务服务数据管理局主办的"i 深圳"政企生活服务开放平台)、数字学习(如"互联网+教育""互联网+职业技能培训"、新型知识分享平台)、数字出行(如网约车平台、实时公交、票务预订系统)、数字文旅(如数字博物馆、数字美术馆、虚拟现实及可视化交易等创新业态)、数字健康(如互联网医院平台、"互联网+健康咨询"、智慧健康养老应用)等新业态、新模式加速涌现,深刻改变了人们的消费观念与行为模式。这种趋势一方面在物质条件上为数字技术与经济社会的深度融合奠定了扎实的基础,另一方面在社会条件上为新型消费的发展培育了大量"携带数字化基因"的忠实消费者,从而将人类社会带入全新的数字经济时代。

新型消费模式下,新的消费观念、消费方式、消费工具和消费关系为美好生活的塑造提供了更多选择和保障。其中,以手机和平板电脑为代表的移动端设备起主导作用,平台 App、视频直播、移动支付、"互联网+服务"等与数字化技术密切相关的新消费工具深刻改变了城乡居民的消费习惯和消费观念,推动了日常生活的数字化转型,以手机为中心构建的智能硬件生态体系如图 1-1 所示。

国家统计局的数据显示:2020 年 1 月,中国移动购物行业月活跃用户规模达 9.7 亿人,比上年同期增长 0.53 亿人;至 6 月,中国移动购物行业月活跃用户规模达 10.02 亿人,比上年同期增长 0.2 亿人;至 12 月,中国移动购物行业月活跃用户规模达 10.47 亿人,比上年同期增长 0.82 亿人。面对暴增的数据流量,打造优秀的移动端用户体验成为新型消费工具赢得市场优势地位的关键要素,其中,用户界面设计承载了一款产品主要的视觉与交互体验功能。它是系统和用户之间进行交互和信息交换的媒介,能够将信息的内部形式转换为人类可以接受和理解的形式并促进用户与硬件之间的交互沟通,帮助用户使用硬件完成工作。

"UI"的英文全称为"User Interface",译为"用户界面",UI 设计即用户界面设计,指对软件的人机交互、操作逻辑、界面美术的整体设计。其目的是便于用户快速找到使用工具,虽然 UI 设计使用的元素(图形、文字等)和设计思路与平面设计类似,但它是关于界面的设计,设计师着重研究各种"数字媒介"的使用体验,如屏幕上的字间距、颜色搭配、图形设计与动效是否能有效传达设计意图等。

不同于 PC 端网页设计中的网页用户界面(Website User Interface,WUI)和图形设

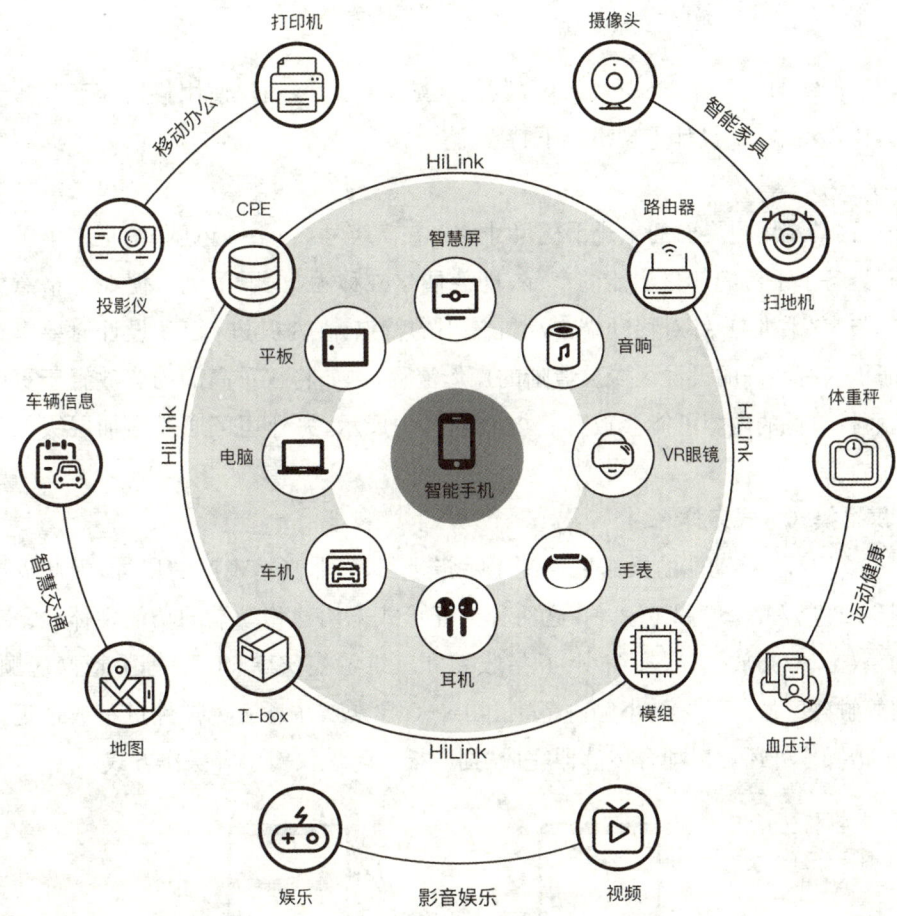

图1-1 以手机为中心构建的智能硬件生态体系

中的图形用户界面（Graphical User Interface，GUI），移动端用户界面设计不仅包括手机、平板电脑、智能穿戴、智能家居、车载装备等移动端设备的界面设计，往往还需要配合企业的交互、运营和品牌类设计，因此行业对于设计师的招聘要求也随之发生了变化，全链路的UI设计师应运而生。如今，UI设计师的日常工作一般包括移动端界面设计（基于iOS和安卓两个平台）、小程序界面设计、H5页面设计、网页设计、后台界面设计、大屏幕数据界面展示、电商及运营活动相关页面设计、图标设计、界面视觉设计、切图标注、基础的信息架构图、流程图、原型图、动效设计和其他相关的线下物料宣发设计等。

此外，UI设计师还要深刻理解在国家产业政策和移动互联网行业取得的巨大成就的背景下，党的二十大提出的人才战略：加强企业主导的产学研深度融合，强化目标导向，提高科技成果转化和产业化水平。强化企业科技创新主体地位，发挥科技型骨干企业引领支撑作用，营造有利于科技型中小微企业成长的良好环境，推动创新链、产业链、资金链及人才链的深度融合。因此，UI设计师应该深入了解移动端UI设计的理论知识，将设计领域的最新研究成果应用到工作中去，成为互联网行业所需的创新型人才。

1.1.2 移动端 UI 设计的特点

相较于传统的 PC 端 UI、游戏 UI 和其他终端 UI 设计,用户使用移动端产品短暂且高频的习惯让移动端 UI 设计呈现出以下特点。

1. 屏幕小

目前,移动端用户界面的主流手机尺寸大多在 7 英寸内,平板电脑、笔记本电脑或通过多屏协同具备了手机的部分功能的产品,即使偶尔被称为"大屏手机",但在严格意义上已不能简单归为"手机"。针对移动端产品屏幕小的特点,在对其进行 UI 设计时要求在有限的展示面积内有明确的设计区域及清晰的操作流程,例如将权重高的内容放置于页面的首屏热区,而权重低的内容可能会放到三屏或四屏中展示,另外还可通过增加层级保证小屏幕的操作效率。

2. 屏幕操作方式多样

与 PC 端不同,移动端的操作主要使用手指进行,而非高精确度的鼠标,因此需要围绕点击(图 1-2 左)和滑动(图 1-2 右)这两种交互形式来构建移动端的功能性体验。为使点击、滑动、双击、双指放大、双指缩小、五指收缩和三维触控(3D touch)等手指操作顺滑,图标、按钮等触碰区域须设置最小触碰范围(40~60 像素),注意避免控件过小或过近。除了直接的手指操作外还可以配合传感器完成"摇一摇"、陀螺仪传感等操作方式。

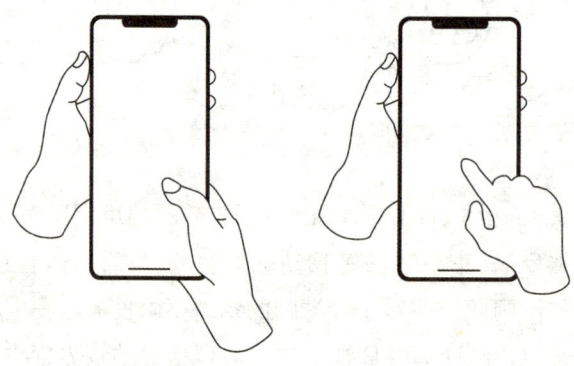

图 1-2 指尖操作方式

3. 使用场景灵活多变

PC 端设备的使用场景多为家、学校或公司等固定场景,用户的使用时间一般较长且连续,而移动端设备不受时空局限,用户的使用时间和场景更加灵活,更加碎片化。由于移动端用户的使用习惯易受干扰,所以必须保证界面信息简单直观,如果在一个页面中展示过多的信息量,用户容易理解混乱、操作不明。如果用户理解系统工作流程后再使用,这个过程是比较困难且耗时过长的,因此设计师需要简化整个流程,在任务设定上偏向于短时间可完成的任务,用户只需执行必要的操作。

4. 版本迭代速度快

目前移动互联网产品版本迭代的速度非常快,在各种应用程序的更新迭代过程中通常会调整色彩搭配,改变版面布局的尺寸,更新图标风格等,因此视觉风格可能会越来越不统一。建立一套标准的设计规范有助于形成规范化的 UI 模块组件,不仅有助于提高团队工作效率和设计质量,保持设计风格的一致性,还能减少各方的沟通成本。标准设计规范是对产品的设计和体验进行系统性整理和约定,包括产品中使用的标准颜色、字体字号、各类控件样式、布局样式等,将该规范整理为一份可流通的文档后,可为后续版本迭代和多人协作提供指导,避免风格杂乱。

任务 1.2 建立移动端 UI 设计的交互意识

1.2.1 交互设计的发展历程与趋势

数字媒体技术的高速发展让信息的数字化传播成为可能,也实现了人与信息之间的交流和互通。交互设计保证了这一日常生活中普遍存在的人机交互行为得以顺利实现,并且用户能从中获得愉悦的体验。

界面设计中的交互概念最早由便携式笔记本电脑之父比尔·莫格里奇(Bill Moggridge,1943—2012)于 1984 年提出,其最初命名为软面(Soft Face),后更名为交互设计(Interaction Design)。交互设计主要针对产品和用户之间的互动进行设计,使用户能够更加清晰、便捷地了解和使用产品,感受产品价值。

交互设计的发展经历了 3 个阶段。

1. 命令行界面(Command-Line Interface,CLI)

早期计算机利用命令行实现人机交互,如图 1-3 所示。这个阶段唯一的交互设备是从打字机演化而来的键盘。在输入相应命令后,计算机根据接收的命令作出反馈并将结果传递至显示器,完成交互过程。这种交互方式对操作人员的专业性要求高,交互的信息也极为抽象,不便于普通用户学习和掌握。

2. 图形用户界面(Graphical User Interface,GUI)

1979 年,苹果公司创始人史蒂夫·乔布斯(Steve Jobs,1955—2011)在复印技术的基础上开始研发图形用户界面和屏幕的二维定位操作,并于 1983 年推出了带有鼠标的 Apple Lisa 的电脑。次年,他又推出了延续至今的 Mac 系列产品,这是第一款使用图形用户界面并获得商业成功的个人电脑产品,如图 1-4 所示。图形用户界面将原本的命令输入转变为以图形隐喻为主的,用户可以直观看到的操控文本及图片。Mac 系列产品是电脑发展史上的里程碑,其中桌面窗口、存放废弃文件的垃圾桶、可以实现裁剪功能的剪刀图标等图形工

```
 1  /Library/LaunchDaemons:
 2
 3    com.adobe.agsservice.plist
 4      -> Program Arguments: /Library/Application Support/Adobe/AdobeGCClient/AGSService
 5
 6    com.IvCL8.plist
 7      -> Program: /Library/SIBaJ/WQ9EI
 8
 9    com.KreberisecDaemon.plist
10      -> Program Arguments: /Library/Application Support/com.KreberisecDaemon/Kreberisec
11      -> Program Arguments: r
12
13    com.apple.installer.osmessagetracing.plist
14      -> Program Arguments: /System/Library/PrivateFrameworks/OSInstaller.framework/Resources/OSMessageTracer
15
16    com.KreberisecP.plist
17      -> Program Arguments: /var/root/.Kreberisec/KreberisecDaemon
18
19    com.adobe.acc.installer.v2.plist
20      -> Program: /Library/PrivilegedHelperTools/com.adobe.acc.installer.v2
21      -> Program Arguments: /Library/PrivilegedHelperTools/com.adobe.acc.installer.v2
22
```

图 1-3　交互式命令行操作界面

具与新的交互设备(鼠标)的搭配使用极大地降低了计算机的使用门槛。

不过,由于苹果公司在 20 世纪 80 年代中后期因循守旧,在图形用户界面方面很快就被微软赶超。微软第一代视窗操作系统 Windows 95 用户界面如图 1-5 所示,该系统不仅在界面美化上更胜一筹,在用户体验上也更佳。至此,电脑开始逐渐步入日常生活。

图 1-4　第一代 Mac 电脑

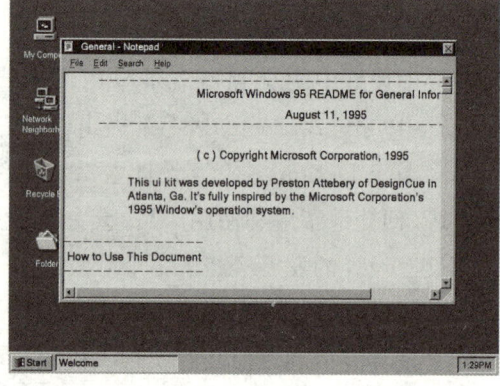

图 1-5　Windows 95 用户界面

3. 自然用户界面(Natural User Interface,NUI)

随着人工智能、虚拟现实、语音交互、动作识别、深度学习等新兴技术的发展,人机交互方式发生了深刻的变革。在自然用户界面状态下,用户只需要以最自然的方式(如语音、面部表情、动作手势、身体移动、头部旋转等)和计算机交流即可实现人机交互,摆脱键盘、鼠标的限制。例如苹果公司极力推广的 Siri 智能语音助手使人机交互更加自然直观,更为人性化。另外,在图形用户界面向自然用户界面转变的过程中,触摸屏和传感器技术的应用极大地拓展了手势交互的使用范围和极限,可以预见,自然用户界面将在智能家居、无人机、可穿戴设备等新兴应用场景中扮演极其重要的角色,与之匹配的交互设计也将持续获得关注。

1.2.2 界面设计与交互设计的关系及相关术语

交互设计的概念

在一款移动互联网产品的开发中,界面设计与交互设计应该步调一致。基于移动终端的交互设计与传统的界面交互不同,除了手机应用程序、网页的整体界面交互,还涉及很多硬件设备,如可穿戴设备、智能语音识别系统、虚拟现实与增强现实设备等。人机交互的实现不仅需要软、硬件间相互配合,还需要搭配相应的界面交互。

交互设计又称为互动设计,属于定义和设计人造系统行为的设计领域。交互设计定义了两个或两个以上的交互个体之间的通信内容和结构,促使个体相互协作,达到共同的目的,并致力于在人、产品和服务之间建立关系,在保持原有功能的基础上削弱人造物的复杂性,使用户能以更低的成本快速构建对人造物的认知。

界面设计是交互个体之间信息传递和交换的媒介,是设计者对产品进行人机交互、操作逻辑、界面美术的整体设计。从用户的角度来看,界面设计与交互设计的关系是一种使产品便于使用的协作关系。二者共同致力于了解目标用户的期望,了解用户在同一产品中的互动行为,了解用户自身的心理和行为特征,熟悉各种有效的互动方式并加以提升和拓展。但是交互设计并不等同于界面设计,其出发点在于研究人与物互动时人的心理模式和行为模式,并在此基础上,设计人造物可提供的交互方式。从这个角度看来,交互设计是设计方法,而界面设计是交互设计的自然结果。界面设计不一定由显意识交互设计驱动,但必然包含交互设计(即人和物是如何进行交流的)。

UI 设计中涉及的常用术语包括用户界面、交互、界面设计、原型设计、交互设计、可用性设计等,这些常用术语及其相关信息见表 1-1。

表 1-1 UI 设计常用术语

序号	中文	缩写	英文	定义
1	用户界面	UI	User Interface	允许信息在个人用户与计算机系统的硬件或软件部件间传送的接口
2	交互	—	Interaction	使用者与机器之间的双向信息交流
3	用户界面设计	—	User Interface Design	见 1.1.1 节
4	原型设计	—	Prototype Design	整个产品面市之前的框架设计,利用线框描述法表达页面的模块、元素和人机交互形式
5	交互设计	IxD	Interaction Design	见 1.2.2 节
6	可用性设计	—	Usability Design	在以用户为中心的宗旨下,进行产品(系统)的设计,以满足用户需求。在设计时,不仅需要符合用户的行为习惯和认知,还要求保证用户能高效地完成任务,达到预期目的

(续表)

序号	中文	缩写	英文	定义
7	用户体验设计	UED	User Experience Design	以用户为中心的一种设计手段,以令用户满意的体验为目标而进行的设计。用户体验贯穿产品开发的整个流程
8	产品需求文档	PRD	Product Requirement Document	对产品需求的描述,包含产品定位、目标市场、目标用户、竞争对手等
9	商业需求文档	BRD	Business Requirement Document	基于商业目标或价值描述的产品需求文档(报告),其核心用途是在产品投入研发前,为企业高层决策评估提供重要依据
10	市场需求文档	MRD	Market Requirement Document	对年度产品规划中的某个产品进行市场层面的说明
11	响应式网页设计	—	Responsive Web Design	一种网络页面设计布局,其理念是集中创建页面的图片排版。可以智能地根据用户行为以及使用的设备环境进行相应的布局
12	瀑布流	—	Masonry Layouts	比较流行的一种网站页面布局,视觉表现为参差不齐的多栏布局。随着页面滚动条向下滚动,这种布局还会不断加载数据块并附加至当前页面尾部
13	控件	—	Control	一种基本的可视构件块,包含在应用程序中,控制着该程序处理的所有数据以及与这些数据有关的交互操作
14	布尔运算	—	Boolean Calculation	Photoshop、Illustrator等软件使用的运算法则。它可以用于实现合并形状、减去顶层形状、与形状区域相交、排除重叠形状等操作,从而获得新的图形。一般可以用来绘制精致的图标
15	材料设计	MD	Material Design	融合了经典设计法则以及前沿科学技术的一门新的视觉语言,能够为多个平台和不同尺寸设备之间的用户体验提供统一的底层系统
16	情感化设计	—	Emotional Design	旨在抓住用户注意力、诱发情绪反应,以提高用户执行特定行为的可能性

1.2.3 成就用户体验的交互设计

交互设计广义上可称为用户体验设计。用户体验(User Experience,UX)的概念最早由苹果公司的用户体验架构师唐纳德·诺曼(Donald Norman)提出。"体验"指用户在使用产品以及与产品发生交互时的主观感受,好的用户体验指用户在使用产品的过程中,得到的反馈符合预期,并能顺利完成任务,产生愉悦、顺心的情绪。用户体验来自用户与客体交互的过程和结果,交互设计是用户体验的渠道和来源。目前,交互设计主要包括3种类型:

界面类交互设计、实物类交互设计和服务类交互设计。

1. 界面类交互设计

基于屏幕的界面类交互设计指一切在屏幕上显示的交互系统的设计,例如手机中的聊天软件、购物软件、地图、浏览器等应用软件,或车载系统的触控操作界面,都属于界面类交互设计,它们以实物为载体存在,但本身却是一套虚拟的系统。界面类交互设计是目前交互设计行业中商业化最成熟的领域。本书的主要内容是关于移动端触摸屏的用户界面设计,书中大部分的设计原理及方法都针对这一领域展开。

2. 实物类交互设计

实物类交互设计与工业设计息息相关。例如键盘、鼠标、机械相机等,都属于实物类交互设计,它们都是真实的产品。因为产品具有实体形态,所以在交互设计过程中,不仅要考虑视觉影响,还必须考虑使用材料、硬件结构、人机工程等要素。当前社会已迈入数字经济时代,主要产品形态由实体转变为虚拟(软件系统或服务体系),交互的媒介则是以平板电脑、手机触屏等为载体的虚拟图形界面。实物虚拟化正深刻改变传统的人机交互模式。

3. 服务类交互设计

国际设计研究协会对"服务设计"的定义是从客户的角度来设置服务的功能和形式。其目标是确保服务界面是客户觉得有用的、可用的、想要的;是提供服务者觉得有效的、高效的和有识别度的设计。而所谓的服务交互设计可以是更改原有的服务方式,也可以是创建全新的服务方式。在实际场景中,公司与客户群体之间的互动方式并不固定,应根据个案不同的需求,制订不同的计划和策略,以提供更好的交互体验,提升用户对公司或产品的信赖度与忠诚度。

随着新零售的崛起,用户对线上、线下零售体验的融合也有了越来越多的需求。大多数用户需要的并不是单一产品,而是整体的服务体验。服务设计的系统性设计理念与全链设计的特点使其越来越受重视。从最初的公共服务领域,到如今的零售业、银行、医疗、餐饮等各个领域都开始使用服务设计来对体验进行升级。

显然,上述3种交互设计类型都以用户需求为导向,强调交互体验,着重关注用户使用特定产品、系统或服务时的行为、情绪与态度。此外,用户体验又是动态的,由于不断变化的使用情况、不停变化的系统,以及变化发生背后的情境与脉络,用户体验也会随之不断变化。总而言之,交互设计影响了用户与产品交互的方法和体验。一般来说,在软件或互联网行业中完成用户体验工作的主要是用户研究员、交互设计师和视觉设计师。国内很多中小型企业并没有专职的交互设计岗,因此往往由UI设计师兼顾UI与交互两个方面的进行设计,也就是将交互的理念体现在UI界面上,达成用户体验的最终效果。

任务1.3 熟悉移动端UI设计的工作流程

1.3.1 移动端产品开发流程

在实际项目开发过程中,一个详细且完善的设计开发流程可以帮助工作人员了解完整的产品开发周期,明确在整个周期中承担的岗位职责,在具体的产品开发环节中展现自身能力,实现自我价值。同时,个体又通过这一严密的"工作流"聚合为一个整体,共同打造"高颜值"、优体验、能切实解决用户实际问题的好产品。常规情况下,产品开发流程基本包括以下环节,如图1-6所示。

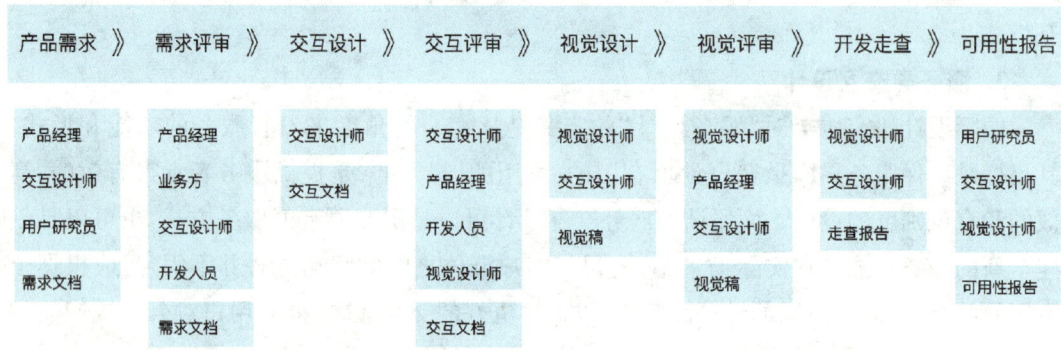

图1-6 产品开发流程及对应岗位

(1)产品需求:产品经理作为主导角色,全程参与产品功能需求挖掘工作。交互设计师辅助产品经理做需求的可行性和场景分析。用户研究员可根据目标描述制订相应方案以充分挖掘用户需求。

(2)需求评审:评审需求文档,讨论产品需求的可行性,以及是否满足产品的商业目标、用户目标和产品目标等。在需求评审环节,产品经理需要与业务方、开发人员、设计人员等进行讨论,当各方达成一致时,需求评审基本达到目的。

(3)交互设计:交互设计师将需求文档转化为交互文档时,首先要思考业务目标、目标用户的使用场景及需求,将业务目标转化为用户行为;然后理清思路,查找相关竞品,分析竞品的用户人群、商业定位。在这个环节需注意应先梳理用户的主场景流程,然后梳理用户的小场景流程,最后梳理异常流程,并根据流程绘制对应的流程界面。交互文档一般包括完整的项目简介、需求分析、新增修改纪录、信息架构、交互设计的方案阐述、页面交互流程图(界面布局、操作手势、反馈效果、元素的规则定义等)、异常页面和异常情况的说明。

（4）交互评审：交互评审一般由交互设计师、产品经理、视觉设计师和开发人员共同参与。交互设计师在评审过程中可拆分使用场景讲述交互方案。首先讲解整个设计的背景（业务背景、技术背景）、适用人群和功能，然后再根据用户需求，对不同的使用场景及与之对应的功能流程图进行介绍。最后将场景、功能流程图和最后的交互原型一一对应。

（5）视觉设计：交互评审完毕后，视觉设计师可以尝试探索风格、搜集整理素材和构思设计初稿。在此环节，视觉设计师需与交互设计师共同协作，以避免在设计过程中发生疏漏。在交互方案确认后，视觉设计师开始视觉层面的定稿设计，完成视觉稿后需要交付给交互设计师和产品经理分别进行评审。

（6）视觉评审：对于全新产品，在确定视觉稿没有交互问题后，会花大量时间讨论产品的设计风格、主配色及其他细节。对于需要功能迭代的产品，主要讨论整体视觉风格的继承性。

（7）开发走查：在产品正式发布前，交互设计师和视觉设计师需要对产品测试版走查，汇总发现的问题并给出对应的评级（非常严重、严重、一般、轻微），生成走查报告，交付给开发人员和产品经理。在开发人员修正后，对走查问题进行验收。

（8）可用性报告：对于正式上线的产品版本，需要用户研究人员与交互设计师一起制定可用性测试的脚本，通过用户操作测试，检验产品的易用性。在用户研究人员完成可用性测试和可用性报告后，交互设计师继续对反馈的问题进行评估，若需修改调整，可联系产品经理开展产品优化迭代。

1.3.2 移动端产品开发的团队构成

无论是全新打造一款互联网数字产品，还是优化迭代已有产品，都需要多部门协同分工、工作人员各司其职。因此，移动端产品的开发并不是个体或个别部门就可以实现的，而是专业团队通力合作的产物。只有团队成员间相互协作配合，才能出色、高效地完成项目。以产品设计、开发和运营为主的团队一般包含以下岗位。

1. 产品经理

产品经理是项目的核心成员，其主要的职责是构思新产品、明确市场定位、定义产品功能、确定上线时间、协调团队工作、整合资源等。其工作中的主要输出物为产品需求文档（PRD）、市场需求文档（MRD）、原型图等。

2. 用户研究人员

用户研究人员主要负责收集和分析用户的需求、使用行为、反馈等，并对分析后的数据进行总结。用户研究的方式主要有可用性测试、焦点小组、问卷调查、深度访谈、眼动测试、用户画像、用户反馈和大数据分析。用户研究人员工作中的主要输出物为用户研究报告。

3. 交互设计师

交互设计是产品设计的灵魂，交互设计师主要负责通过用户分析建立用户心理模型，确定产品功能需求，设计任务流程，运用交互知识搭建产品核心架构并设计出产品原型，最终搭建出易用的产品。交互设计师不仅需要输出用户研究文档、用户画像、产品功能列表、交互文档等设计方案，还需要参与前期的需求讨论、后期开发、测试验收等多个产品设计与实现环节。

4. UI 设计师

UI 设计师主要负责根据各平台的设计规范，将原型图转化为具有一定美感的视觉页面。定稿后需要提供设计文档（包含切图标注等）交付给技术开发人员，并整理一套产品的 UI 设计师规范，方便其他成员查看和后续产品迭代升级。UI 设计师工作中的主要输出物为优化原型、视觉设计、切图、标注、设计规范、项目走查报告和视觉总结等。

5. 前端开发工程师

前端一般包括数据库端和用户端，通常 UI 设计师接触最多的是用户端开发人员，其主要负责还原设计。移动端 iOS 或安卓开发工程师的主要职责是完成 iOS 平台或安卓平台上的应用程序开发，并根据 UI 设计师交付的设计文档完成客户端编译，然后和后端工程师联调，确认无误后准备上线。对两种移动端开发工程师的能力要求不同，iOS 开发工程师需要精通 iOS UI 框架的搭建和 iOS 应用的开发，而安卓开发工程师则需要精通 Java 语言。

6. 后端开发工程师

用户在使用产品的过程中产生的数据，例如昵称、图片等，都是通过互联网传输到服务器再交换信息分发出去，后端开发工程师则主要负责对这些数据进行存储、更新等数据处理工作。

7. 测试工程师

测试工程师是产品开发团队中的保险类岗位，主要负责产品的错误排查，例如平台的适配和兼容性等。测试通常包含黑盒测试、白盒测试和灰度测试，其中灰度测试就是将产品直接发放给部分用户以听取反馈意见。

8. 运营

运营的核心任务是流量建设与用户维系。产品运营指将多种运营手段（如渠道运营、内容运营、活动运营、用户运营、自媒体运营等）组合，以更好地连接用户和产品，完善产品价值并使产品持续产生商业价值。

1.3.3　移动端 UI 设计师的全流程工作职责

在产品开发流程中主要负责界面设计的是 UI 设计师。随着用户体验行业的不断发展，UI 设计师的工作领域已从原先单纯的视觉执行层面扩展到产品开发流程中视觉设计环节的上下游。在不同的开发阶段，UI 设计师的参与程度、参与方式可能会因团队规模和成员构成有所不同。

1. 需求分析阶段

UI 设计师接收的项目需求通常是经过交互设计师细化后的交互文档，因此 UI 设计师需要完全充分理解文档，文档中的交互逻辑、操作方式、流程和反馈等，都需要不断核对。

如果团队中缺少交互设计师,而由UI设计师直接接收产品经理提出的产品需求,从需求分析的思维导图到直接绘制高保真原型,那么UI设计师需要同时兼顾交互设计与产品逻辑,站在用户角度思考,充分理解需求并协助产品经理一起梳理分析需求,细化设计稿后与设计文档一并交付给前端开发。

2. 情绪版(Mood Board)与风格确定阶段

交互设计师完成定稿后,UI设计师需要先定义情绪版,从颜色、文字、图片及素材等多个角度切入,推导设计思路,再与产品经理和交互设计师确定最终的风格走向,打造属于产品自身的品牌调性和设计风格。

3. 视觉设计阶段

确定风格走向后需要进行界面视觉设计,常用的设计工具包括Sketch、XD、Figma等。如果以产品为导向,那么完成设计稿且经过团队确认后即可直接进入开发阶段;如果以需求为导向,则还需要绘制高保真原型并提供甲方可操作、可交互的链接进行确认。这一阶段有可能出现不断调整产品需求或甲方需求的情况。

4. 前端对接阶段

设计评审确认设计稿后,项目开发进入前端开发的阶段。UI设计师需要提供前端开发工程师设计说明文档(包含切图、标注)和设计图。在此环节可利用协作工具缩减时间成本,提高工作效率。常用的对接工具包含蓝湖、Figma等。UI设计师需与开发人员保持沟通,确保可以很好地还原设计稿(实际工作中很难百分百还原)。

5. 测试与反馈阶段

当产品进入测试阶段时,测试人员应先在部门内部进行可用性测试,然后扩至整个公司。反复测试确保无误后才可以将产品发包给客户测试或上线。在此阶段,UI设计师需要收集反馈意见,并与产品经理一起讨论改进方案。如果设计上有很大的纰漏,则需要确定哪些是用户体验性的问题,哪些是产品流程的问题,选择性地修改,计划推出新版本时再进行迭代。如果反馈较好,则需要对工作进行复盘,并分析后续产品迭代的重心在何处。

综上所述,由于各岗位职责日趋交叉化和多元化,UI设计师的工作已贯穿产品开发的全流程。

任务1.4 明确移动端UI设计师的职业能力要求

1.4.1 市场对UI设计师的能力要求

《2020中国用户体验行业发展调研报告》的数据显示,在核心能力方面,企业对互联网新兴设计不同类型岗位的要求各有侧重,总体上均看重"团队合作""有责任心"和"情绪心态管理";在通用能力方面,"沟通力""逻辑分析""创造力""执行力""学习与总结"和"团队合作"是企业招聘过程中较为看重的;在专业能力方面,企业较看重互联网新兴设计人才的综合能力,除要求"设计表达"外,还要求"用户研究""产品理解""数据分析""行业分析""美学与艺术"能力,如图 1-7 所示。

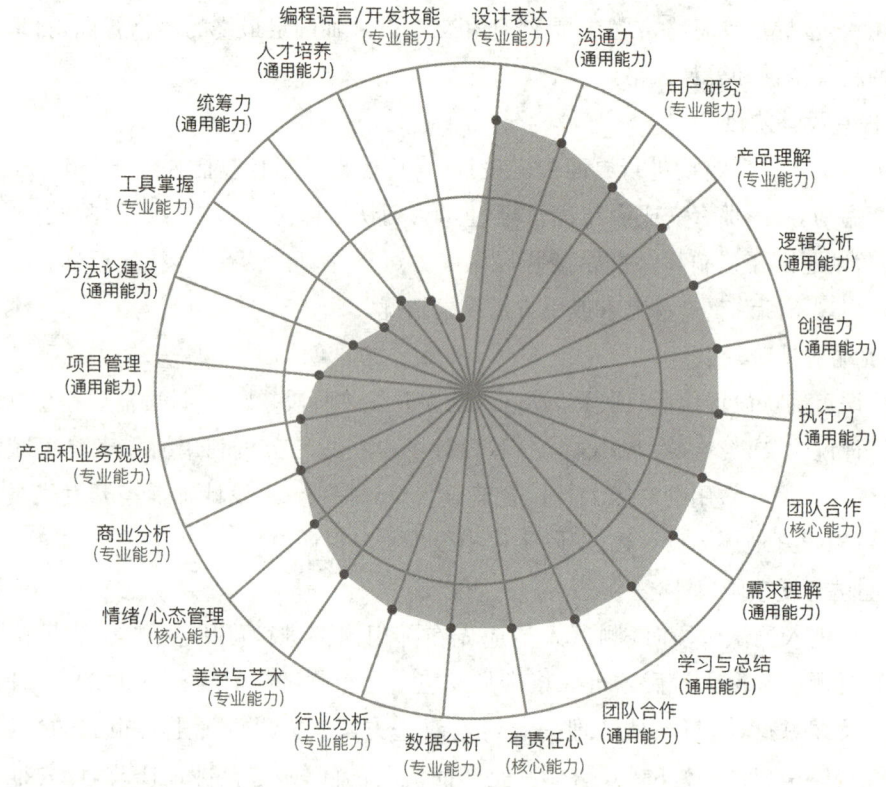

图 1-7 从业者竞争力能力模型

从业者认为的具体各岗位的核心及通用能力要求与专业能力要求展示如图 1-8、图 1-9 所示。与上述报告中招聘需求专业能力要求相比,设计类(视觉、交互、品牌、游戏设计)、用户调研类、产品类从业者认为的对自身核心能力、通用能力和专业能力,要求与报告中的内容趋于一致。在专业能力方面,各岗位有不同的能力要求。

1.4.2　UI 设计师的能力培养建议

党的二十大指出,教育、科技、人才是全面建设社会主义现代化国家的基础性、战略性支撑;必须坚持科技是第一生产力、人才是第一资源、创新是第一动力,深入实施科教兴国战略、人才强国战略、创新驱动发展战略,开辟发展新领域新赛道,不断塑造发展新动能新优势。结合国家人才战略和上述核心、通用及专业能力要求,本书建议 UI 设计师从以下 3

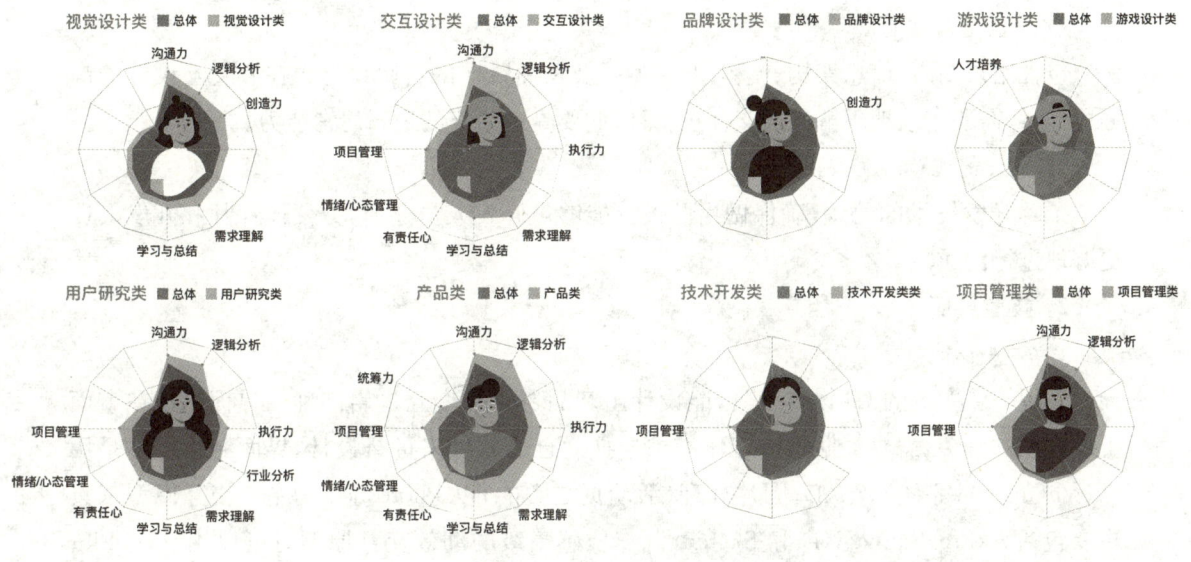

图 1-8　各岗位核心及通用能力要求

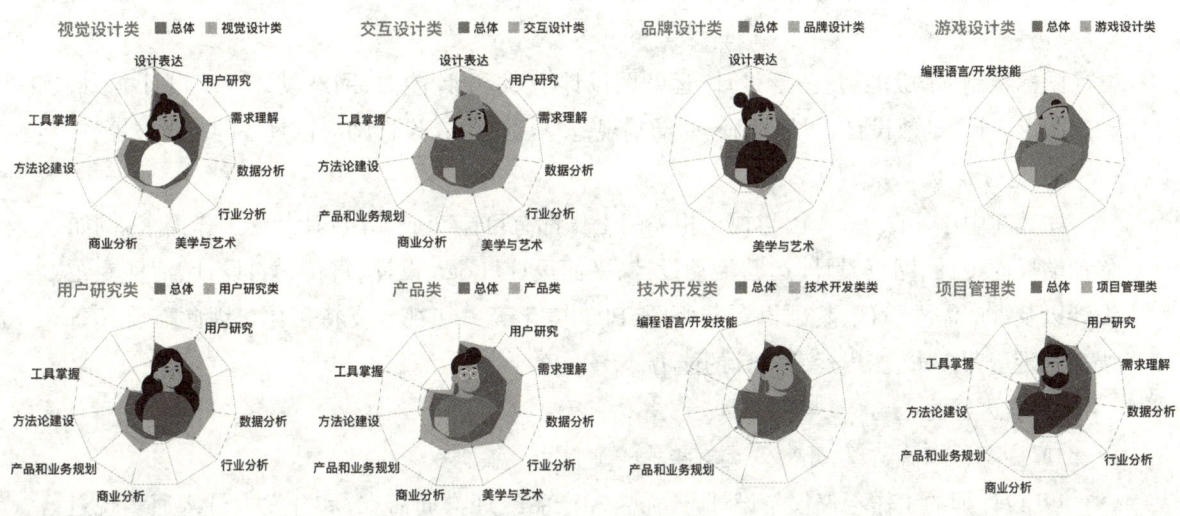

图 1-9　各岗位专业能力要求

个层面培养、提升自身竞争力。

1．思维层面

目前行业中纯视觉设计的工作岗位逐渐减少，企业要求 UI 设计师也要掌握交互设计和产品方面的知识，不仅能产出美观的设计，更需要符合用户体验和商业需求。要紧跟时代大趋势，就需要改变旧有的思维方式以适应现在的设计需要，这方面的隐性能力主要体现在以下 3 个方面。

1）产品思维

在设计一款产品时，思考做这款产品的原因、目的和方法，这就是产品思维。

2）交互思维

包含用户调研、信息架构、流程图、原型图及页面跳转的逻辑设计。在和交互设计师沟通协作时，需要有效地理解界面交互逻辑，因此要具备一定的逻辑思考能力。

3）开发思维

了解开发技术的原理，确保做出的设计能够被开发人员还原，方便设计师和开发人员更好地进行沟通。

2. 技能层面

1）软件技能

掌握一款主流的 UI 设计工具，能设计出产品逻辑和交互逻辑准确的界面。现在市面上设计软件繁多，需要根据具体工作需求选择适合的软件来进行设计，界面制作主要是用 Sketch（macOS 系统）或 XD，图片处理（活动页之类的）以 Photoshop 为主。交互原型工具主要包括 Axure、Figma、XD 和 Sketch，制作质感高级的动效交互原型时可以用 ProtoPie、Principle、Flinto。虽然可选工具较多，但是只要从界面设计、原型图工具、动效设计、切图标注、思维导图和网页设计这 6 个方面各熟练掌握一个即可。

2）专业技能

图标绘制、排版能力、图形设计、运营图设计、专题设计能力、网站设计、H5 设计能力、动态图形设计、动效设计、手绘插画、移动端规范等，都是 UI 设计师应该具备的专业技能。

3）运营技能

尤其在中小团队中，一切与视觉相关的工作都有可能变成 UI 设计师的工作需求，例如移动端界面设计、网页设计、运营活动设计、平面设计、Logo 设计、宣传物料设计、活动专题设计以及推广需求设计、基础摄影与修图、PPT 美化等一切视觉支持工作。因此需要具备快速满足运营需求、产出运营设计的能力。

3. 表达层面

1）提高和产品经理、开发人员对接的沟通能力

UI 设计师的工作不仅仅是设计，还需要和产品经理沟通需求、和开发人员沟通实现过程中出现的问题。如果没有好的沟通能力，项目的实际进展就会受到影响。因此作为一个 UI 设计师，需要提高沟通能力，比如沟通时尽可能地多一点同理心，多听听别人的意见，然后再想具体解决方案。

2）和同行多交流、互相学习

每个设计师都有自身的优点和缺点，多和身边的同行交流，互相学习，促进彼此进步。此外，还要多关注新的设计趋势，跟踪一些大平台产品迭代动向，保持自身视觉表现的"审美"和"潮流"。

目前，UI 设计行业正处于产业数字化转型，在通信技术高速发展的时代背景下，移动端产品团队对岗位的需求也在变化，产品设计不再局限于视觉设计，而是一个由交叉学科背景人员合作完成的工作，这就要求岗位之间的合作度不断提高。除了在初级阶段的职业岗

位视觉设计的要求之外,岗位进阶要求界面设计师在产品能力方面与交互设计师岗位有叠加,见表1-2。

表1-2 界面设计师与交互设计师岗位职业能力分析

能力要求		岗位	实习(交互设计/界面设计助理)	界面设计师	交互设计师	中级界面设计师	中级交互设计师
产品基础	交互设计	流程梳理	了解流程图、逻辑图、组件、功能等基础知识		具备产品信息架构、界面功能与逻辑梳理与绘图能力		具备分析复杂场景的业务流程以及逻辑绘图能力,完成用户体验地图。理解交互用例
		原型设计	能绘制简单模块原型		根据指定需求绘制产品原型		能根据团队与产品的情况,搭建产品原型工程
	用户研究	定性研究	能配合用户测试工作		了解定性用户研究方法,如访谈、问卷等		参与用户测试,实施访谈,问卷,观察,A/B测试,焦点小组等用户研究方法
	数据分析	行为数据分析	能接受数据验证		能解读行为数据,有分析能力(点击率、展现率、功能使用、跳出、流失、活跃、留存等基础与进阶行为数据)		有多维数据交叉分析能力,能利用数据验证用户在实际项目迭代中的需求和反馈。掌握行为数据分析工具
产品全局	产品设计	市场分析	不要求	不要求	了解分析市场的方法。基本掌握分析细分业务方向的基础		
		产品分析	不要求	不要求	不要求		具备产品功能、使用场景、用户定位、触点等层面的分析能力
	产品运营	用户运营	不要求	不要求	不要求		能配合运营和产品设计,进行线上场景运营(产品上线后)
		活动运营	不要求	不要求	不要求		参与活动策划(产品上线后)
	开发实施	前端开发	理解交付流程	理解前端开发	前端页面重构基础		有能力完成普通网页前端页面重构,对前端开发的理解度达到初级前端设计师的等级,与前端开发工程师工作配合顺畅
		后端开发	理解交付流程	理解开发基本原理	理解后端开发基础,理解动态数据,在界面设计时考虑与后端开发有关的界面问题		设计上考虑到后端实现成本问题

项目实训

从个人实际使用角度出发,选择一款移动端App产品做产品分析,重点从UI界面的操作功能、视觉效果等设计角度进行评价。

用户需求研究

课时

4学时

项目描述

通过本项目的学习,在理论环节中,学生将了解用户研究在整个产品开发和服务设计中的重要作用;熟悉用户体验的5个层次分别对应的开发阶段和任务重点;建立以用户需求为中心的服务设计意识;借助思维导图准确、规范地将用户需求研究数据和分析用于客户及团队沟通,提升职业素养。

在实践环节中,学生将熟悉用户研究的常用方法,并从态度到行为、定性到定量两个不同维度理解不同研究方法的适用情境。学生做用户访谈时条件有限,可选择在线问卷调查或小范围随机调查数据的方法,客观理性分析用户需求并鉴别其"真伪",从细碎的访谈信息中获取用户真实有效的研究数据。通过用户研究进行初步的产品阐述与用户画像,通过竞品分析梳理产品如何对应用户需求,通过绘制用户体验地图分析用户在不同使用场景下如何以对应的产品功能去满足需求。最终引导学生从竞品分析案例中感受数据分析的科学严谨,完成用户需求分析报告和信息架构梳理,继而推导设计开发流程图。

学习目标

知识目标	1. 明确用户研究的本质与适用范围
	2. 了解用户体验设计的5个层次
	3. 理解用户需求验证的"黄金圈"思维模型
	4. 清楚功能结构图与信息结构图的异同
能力目标	1. 能够客观评价移动端主流操作系统的UI设计
	2. 能够绘制用户画像和体验地图
	3. 能够做基础的竞品分析
素质目标	1. 培养用户信息搜集与分析的严谨态度
	2. 培养科学严密的理性思维逻辑
	3. 牢固树立科技以人为本、设计为人民服务的设计伦理导向

任务 2.1　掌握用户研究方法

2.1.1　用户研究的定义

用户研究在塑造任何成功的产品或服务中都起着至关重要的作用，定制用户需求保证用户的核心体验能够提供超越竞争对手的真正优势。作为以用户为中心的设计流程的第一步，用户研究是理解用户、匹配目标用户需求与产品设计的一种方法。它能帮助产品开发团队定义产品的目标用户群，明确、细化产品概念。对用户的任务操作特性、知觉特征、认知心理特征的研究，能帮助确定以用户的实际需求为核心的产品设计导向，使产品更符合用户的习惯、经验和期待。

用户研究本质是一个辅助性的工作，并不进行业务决策。它只需要给其他部门，如产品设计部、产品开发部、产品运营部、市场营销部等提供进行决策的数据与分析。用户研究覆盖了一个超大范围的设计范畴，理论上讲，涉及与用户沟通、用户心理分析及用户反馈的任何场景都需要使用用户研究这一方法。而用户研究也不局限于诸如访谈、问卷、A/B测试等主流方法，当设计师试图通过与用户进一步沟通，解决设计过程中遇到的问题时，也是在进行用户研究。用户研究的工作内容如图 2-1 所示，其终极价值就是为产品迭代、研发、营销、运营、品牌等一系列问题提供解决依据。

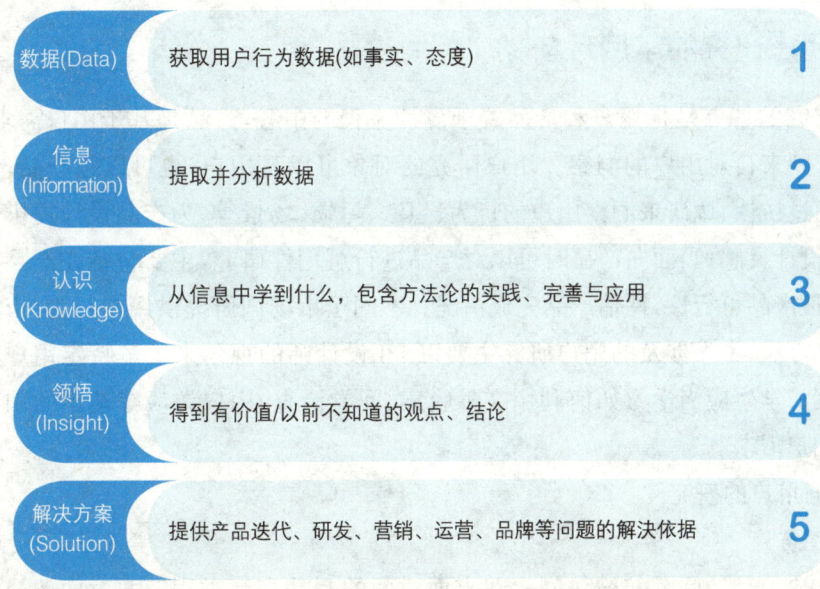

图 2-1　用户研究工作

在互联网领域,用户可以分为 B 端用户和 C 端用户。B 端用户就是企业用户,例如当为企业开发的内部 OA 系统做用户研究时,该系统的使用者主要是企业内部同事,需要根据所属角色进行区分,比如业务员、业务经理、运营人员、管理者等,不同角色对同一件事情的关注点不同,其业务需求也不同。因此结合公司实际情况,梳理主要用户角色,有助于在后续工作中根据需要选择并确定调研对象。在调研不同对象时,同一个问题可能导致不同角色之间的冲突,此时需要挖掘更深层的问题,找到平衡各方需求的解决方案。C 端是普通个体用户,对这类用户做调研时,需要根据用户属性进行区分,例如活跃用户、沉寂用户等,不同类型的用户可能代表不同的群体,这些群体往往能够反映一些共性的用户需求。另外,针对 C 端用户的用户研究需要综合心理学、社会学、信息传播学和数学,系统性地研究用户习性和爱好,发现用户切实存在的需求。

用户研究贯穿产品的开发周期(图 2-2),不同周期下用户研究的方向不同。例如产品冷启动期,用户研究的目的是发现更多需求,进而添加功能,强化竞争优势,对应到各个开发环节都需要有针对性的考虑;在日常运营阶段做用户研究是为了改进产品。

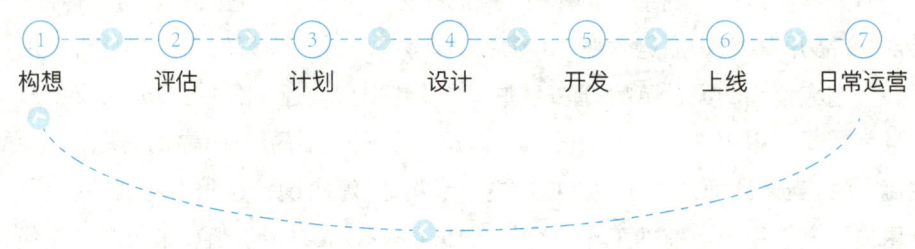

图 2-2　产品的开发周期

2.1.2　用户研究的常用方法

用户研究的特点是将用户和产品置于设计流程的中心,产品是基于用户需求设计的,而用户需求则来自对用户的洞察。用户研究的对象可以是用户,也可以是产品,当面向用户时可以通过访谈、调研来洞察用户的行为、想法、习惯、场景等,为产品设计提供相关信息支撑,激发设计灵感;当面向产品时可以对产品进行可用性研究,主要包括在产品上线前进行测试,验证产品可行性,评估产品完成情况。不同于市场调研提供用户行为、市场竞争的一般性总览方法,本书涉及的用户研究主要以 UI 设计师的视角来了解特定用户群体的用户体验数据。学生应当学习如何利用文献收集、问卷调查、用户访谈等基本的用户研究方法来获得用户需求。

1. 面向用户的研究

1)深度访谈

访谈本质上是访问者与被访问者双方面对面的互动交流过程。面对面访谈比远程访谈(通过电话或网络)更受欢迎,因为肢体语言能够提供额外信息。访谈的内容根据访谈指南进行,访谈指南有助于研究者获取以访谈对象为中心的新信息,而不偏离轨道。不是所有情境下访谈对象都能给予积极的反馈,不同的访谈对象对相同的访谈内容可能有截然相反的反馈。因此要注意在访谈结束后及时完成本场次的访谈记录和总结工作。根据艾宾浩斯遗忘曲线,人在20分钟后将遗忘42%的内容,而1天后则将遗忘74%。也就是说,如果长时间不处理,那么大量的信息将被遗忘。即使有录音笔记录,也会忘掉很多细节,诸如访谈对象的表情和语气等。

2) 焦点小组访谈

焦点小组访谈指通过召集具有相似特征的用户群体,对某一话题或领域进行深度挖掘和问题收集的研究方法。采用焦点小组而非单个用户的好处是小组讨论形式既能更好地理解目标群体的观点和态度,还能更深入细节,发现更多问题。注意,焦点小组访谈不需要得到明确的结论。有时就同一问题会出现不同的声音,在实际情况中,经常出现现场秩序混乱和话题过度发散等问题,因此焦点小组访谈相较于深度访谈,在维持现场秩序和氛围方面有更高的挑战,在访谈时,调研人员应当避免引导性的问题设置,同时避免参与访谈的用户群体中具有较强特点的小组成员影响其他参与者。

3) 问卷调查

问卷调查是最常用的用户研究方法,它的特点是实施简便、花费较少、数据量大,适用于时间紧迫、预算有限的项目。与访谈指南一样,编写调查问题要有一定的技巧,应简短,避免误解、偏见或混淆。确保可以收集满足研究目标所需的适量和有针对性的数据。另外还需要筛选参与者,确保研究由适当的受众完成。除了发放纸质问卷外,还可通过"问卷星"等在线小程序快捷地获取用户体验数据。

4) 大数据分析

互联网平台运营商可以对大数据(如网页、小程序、关键词、App新注册用户等数据信息)进行建模,实现多维度、多方位的数据抓取和数据分析,大数据分析通常比其他用户研究方法耗时更长,但可以获得用户在特定时间生成的数据,而且获取实时数据对理解用户习惯、工作流程、态度、动机及行为变化等有重要作用。

2. 面向产品的研究

1) 影子观察

有时,无法获取用户使用产品的真实反馈,不是因为用户刻意隐瞒,而是因为在以深度访谈、焦点小组访谈等方式开展用户研究时,用户的行为是"回忆"。在回忆过程中,用户很容易忽略使用产品的情境和情感。影子观察法的主要观察内容包括用户在自然工作或生活环境(而不是实验室)中与产品、服务的互动,以更好地了解用户行为及其背景动机。这里特别要注意的是研究所选取的典型场景和用户对象应具有代表性,例如研究用户出行遇到的问题时,上、下班高峰期比平峰期更有代表性,强风、暴雨等极端天气比一般天气更能体现用户需求。另外,不能因研究者的介入或引导让用户使用产品的状态发生改变,要像影子一样观察用户在自然状态下的真实体验。

2）卡片分类

卡片分类是一种简单易行的信息整理工具，它将信息系统中的元素组织得让用户易于理解，还有助于产品开发团队设计和评估信息架构。卡片分类通常在用户研究与设计初期执行。研究者通过使用标有单词、图片的若干主题卡，鼓励参与者按各自的偏好顺序对卡片进行整理归类。卡片分类可以帮助研究者，了解参与者归类的动机，甚至价值观，在卡片分类后还可以与参与者进行深入对话。也就是说，卡片分类的核心在于发现用户对事物的认知和分类逻辑。移动端应用程序包含的信息量大且种类繁多的核心入口，需要持续改善信息的分类和组织形式，以便于用户快速找到需要的信息，降低用户学习成本，从而提升产品的用户体验。因此，在移动端 UI 设计的需求规划阶段和上线运营后往往会采用卡片分类对产品的信息架构、导航设计、验证命名、需求探索等进行研究，为 UI 界面的导航、菜单以及分类提供设计依据。

3）A/B 测试

A/B 测试可以比较同一界面的不同设计，从而决定使用其中更好的设计。简单地说，它是一种用于提升 App、H5、小程序产品转化率，优化获客成本的数据决策方案。对产品做 A/B 测试，就是为同一优化目标制订两套方案，在控制其他变量一致的情况下，让一部分用户使用 A 方案，另一部分有相同数量、特征的用户使用 B 方案，统计不同方案的转化率、点击量、留存率等指标，以此判断两个方案的优劣，从而选择更适合优化目标的设计方案上线运营。

4）可用性测试

在实际运用中，可用性测试一般需要验证产品的设计是否可行以及需要考察某个功能模块的设计是否符合用户的习惯。测试范围根据需求确定。简单地说，可用性测试就是通过观察用户使用产品完成典型任务，发现产品在用户使用效率与满意度等方面存在的问题。测试内容包括用户初次接触该产品设计时，完成基本任务的难易程度；用户了解产品设计后，任务完成效率的提升程度；用户停止使用一段时间后是否还能轻松恢复到之前的熟练程度；用户在使用过程中的犯错频率及错误的严重程度，以及产品能否从错误中轻易复原；用户对产品的主观满意度；用户对产品的体验感受等。

综上所述，没有绝对正确的用户研究方法，只有适合当前产品需求的方法，在实际运用中需要结合产品所处的开发阶段和用户的使用场景来决定使用何种用户研究方法。比如在产品开发的策划需求期，可以使用定性和定量结合的方法如卡片分类、问卷调查、大数据分析；在产品发布后，就需要用户研究来衡量产品表现，与历史版本或者竞品做比较时，应该以定量研究为主，可以用到的方法有 A/B 测试、问卷调查、可用性测试等。针对不同的用户使用情境，还可以采用从开发阶段到使用场景，从定量到定性的不同维度的研究方法，如图 2-3 所示。

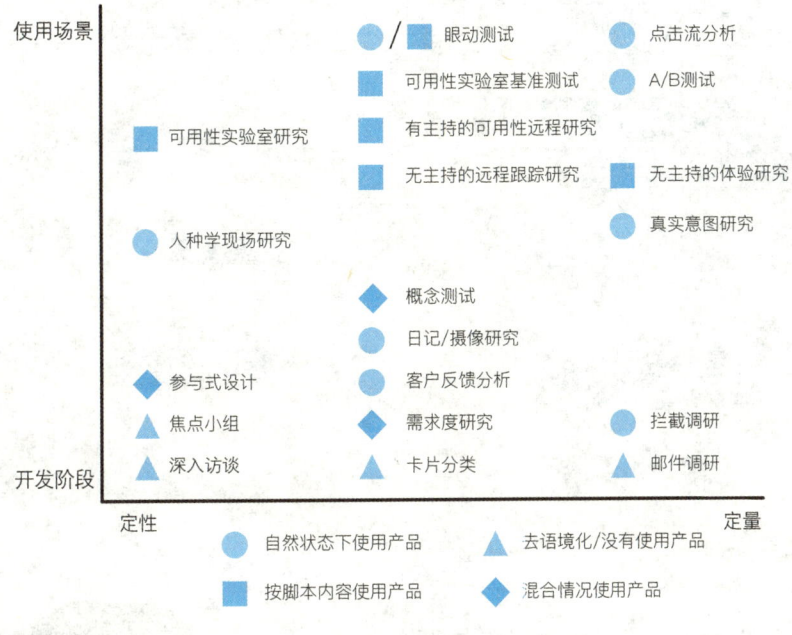

图 2-3 用户研究方法及维度

任务 2.2 撰写用户需求分析报告

2.2.1 产品阐述与用户画像

用户需求分析的五个层次

一般产品要实现从 0 到 1,前期都需要阅读大量与产品相关的市场分析资料,了解产品所在市场的特点,甚至需要到目标市场中体验产品所在的市场,还要寻求一些企业创新方法帮助 UI 设计师更顺利展开后续工作。在针对产品经理的经典书籍《用户体验要素》中提到的产品设计的 5 个层次,分别是战略层、范围层、结构层、框架层、表现层,如图 2-4 所示,可以以此作为基于产品本身的用户研究出发点,为后续设计开发提供战略方向。对 UI 设计师来说,平衡商业需求与用户需求是尤为重要的经验,这一经验可通过不断地反推练习和参加真实项目训练获得。因此,从产品用户体验设计的战略层开始,产品团队首先进入用户需求分析和产品目标分析阶段。该阶段是提出问题的阶段,主要任务是提炼产品目标,需要关注用户需求与产品内部商业需求,关键是要了解用户的"痛点"与期待。在需求分析阶段的训练开始于理解产品的背景以及用户画像;然后对同类产品进行对比,完成竞品分析;基于前面的分析过程思考用户体验旅程;完成用户体验旅程图后从用户视角以及产品商业视角对需求进行验证。

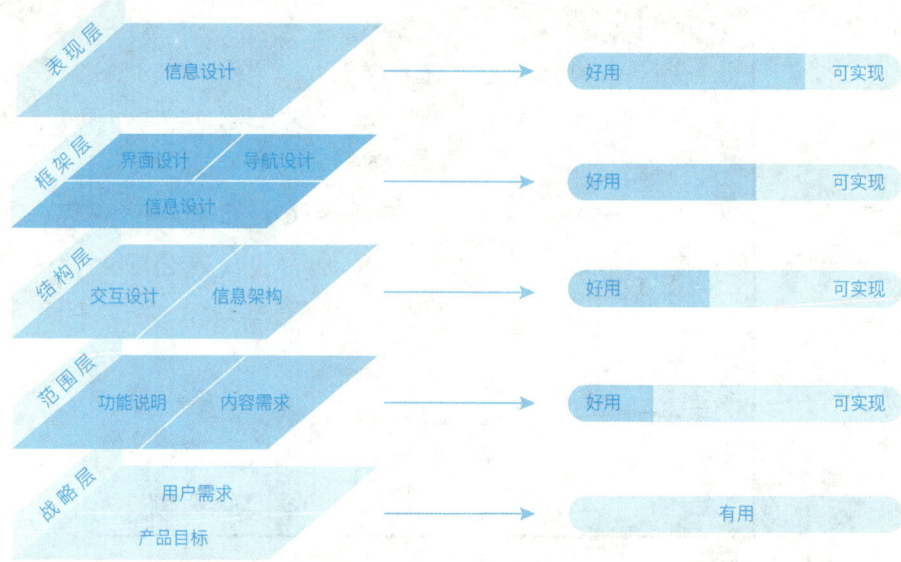

图 2-4　用户体验设计的 5 个层次

下面以深圳职业技术学院智慧校园服务应用程序——i 深职的用户需求分析开始，通过分析用户需求与应用场景的练习获得初步经验。i 深职的定位是深圳职业技术学院面向全校师生开发的智慧校园综合服务平台，要求提供及时浏览学院最新资讯的功能，同时提供行政办公、疫情防控、教务教学、后勤服务、信息服务、校园生活等功能，充分体现数字化的便捷服务价值。理解产品背景之后，进入挖掘用户需求环节，即绘制用户画像。用户画像也称为人物模型，是交互设计中独特且强有力的工具，是众多真实用户的行为和动机模板，如图 2-5 所示。由于 C 端产品用户复杂，所以用户画像也会随着版本推移做迭代。

一般定性研究构建用户画像的步骤为根据角色对访谈对象进行分组→找出行为变量→将访谈主题与行为变量对应→找出重要的行为模型→综合用户特性阐明目标→检查完整性和冗余→指定人物模型类型→进一步描述用户特性和行为，具体操作可分为以下 3 步。

申爱雪

年龄：18岁　　　　　职业：大学生

对App的使用率　　　　黏性程度

高　碎片化使用　　　　低　　　　　高

个人描述

新入学的大学生，性格比较内向不善于交流，喜欢安静的地方，人际关系比较少。生性敏感，特别容易自卑，所以常常都是独自一人，碎片化的时间比较多。喜欢通过手机互联网了解社会，所以个人时间管理不够严格，经常忘记重要事项或迟到。

痛点

1.刚刚进入大学，对住校生活不太适应；
2.每天宿舍、教室两点一线，生活单调；
3.不善社交，生活圈太窄，难免产生孤独感；
4.缺乏时间管理，课程、活动经常迟到。

期望

能有一款校园App以便了解学校文化，结交一些兴趣相投的朋友。最好能够对大学的学习生活提供时间规划管理方面的协助，帮助自己提升，变得更自律、优秀。

图 2-5　用户画像示例

首先，明确研究目的和确定目标用户。研究方向不同，目标用户也可能不同。例如，如果研究潜在用户情况，那么需要将还未接触本产品但已经使用了相似产品的用户定位为目标用户；如果研究用户流失情况，就要将已使用本产品但用户体验较差，对产品没有认同感的用户定位为目标用户。

其次，收集用户所有的相关数据并进行数据挖掘。如果用户群体数量庞大，例如 i 深职的用户群体近 3 万，数据众多，此时可以对目标用户进行抽样。收集到的用户数据可分为静态信息数据和动态信息数据。静态信息指相对稳定的用户信息，如性别、地域、职业、消费等级等。动态信息指不断变化的用户行为信息，如浏览页面、搜索信息、发表评论、接触渠道等。通过统计、挖掘这些信息数据得到对研究有真实价值的结果。

最后，通过数据挖掘结果为用户贴上相应的标签和指数。标签代表用户对该内容有兴趣、偏好和需求等，指数代表用户的兴趣程度、需求程度和消费概率等。当用标签和指数为用户建模时，通常包括人物、时间、地点、行为 4 个要素，简单地说就是什么用户，在什么时间，在什么地点，做了什么事。

用户画像可以提高决策效率，在用户研究阶段参与的用户基数越大，用户画像的精准度越高。初期的用户画像是基于定性调研的结果，数据支撑比较薄弱，仅用于指导初期的产品核心功能设计。在产品上线后需要跟踪核心功能的使用数据以及实际的价值用户（衡量日活、贡献度等）构成，并与前期的用户画像进行比对验证和修正，因此产品的用户画像并不是一成不变的，需要跟随产品迭代更新。

2.2.2 竞品分析与数据分析

竞品分析指在产品概念设计阶段，通过对同类竞争产品的主观和客观分析列出竞品或自身的优势与劣势的过程。这个过程也是一次用户体验旅程。在此过程中，严格而理性的数据分析可以帮助设计师在概念设计阶段认清设计目标和关键着力点，加深产品体系的理解。

竞品分析首先要在市场选择合适竞品。以主打生活方式和消费决策的小红书平台为例，进行竞品分析与数据分析。首先，小红书平台的产品定位是年轻人的生活方式平台，以"Inspire Lives 分享和发现世界的精彩"为使命，鼓励用户通过短视频、图文等形式记录生活点滴，分享生活方式，并基于兴趣形成互动。截至 2022 年 1 月，小红书平台月活跃用户数已达 2 亿，并持续快速增长，其中 70% 的用户是 90 后。随着互联网销售的发展，整个电商行业不断进行迭代、更替，用户本身的购物偏好和方式也被进一步优化。电商巨头之间的补贴竞争，内容营销竞争和电商直播竞争层出不穷，AR 和 VR 体验也在跃跃欲试。商家与商家竞争的同时，商家与消费者之间的竞争也在不断加剧。利用 SWOT 指标分析小红书平台的现状（截至 2022 年），见表 2-1。

表 2-1 小红书的 SWOT 指标分析

优势(S)	2020 年 1～6 月,小红书在中国 App Store 社交软件榜单中排名第三,畅销榜排名第六,安卓应用市场社交榜单排名第三;在各头部 App 中小红书活跃人数增速处于明显的领先地位,在 2021 年 6 月电商大促期间,小红书活跃用户数同比增速达到 69%
劣势(W)	用户评价集中在创作内容质量差、发布不真实、内容审核等问题;在购物类和海淘类软件榜单中排名均处于 50 名之后
机会(O)	UGC 社区、电商、直播和商业化的业务模块均拥有较高的用户量和活跃人数,用户黏度较高
威胁(T)	用户从种草到购买的转化率较低,容易出现用户种草后在其他平台购买的现象;电商业务的体系化运行的竞争过于激烈,容易被行业"大牛"(天猫、京东等)影响;社区模块的创作内容容易出现虚假、低俗等情况,导致用户体验变差和可信度降低

基于小红书平台的产品定位,可以归纳出其关键词主要有:时尚、穿搭、分享、购物、社交、海淘、美妆、社区。通过在行业网站、应用市场、搜索引擎查询上述关键词并收集相同定位的产品信息,初步筛选出苏宁易购、唯品会、考拉海购、蘑菇街、聚美优选 5 款 App。综合近一年来专业数据网站"艾瑞网""七麦数据"的统计数据、应用商店 App Store 的下载量和搜索引擎"百度"的关键词搜索,可以简要总结小红书与 5 款竞品的情况,见表 2-2。

表 2-2 小红书与竞品主要指标分析

产品(App)	简介	主要运营模式	用户画像	下载量(亿次)
小红书	年轻人的生活方式社区,通过短视频、图文等形式记录生活点滴	社区(图文/视频/话题+直播)+购物	25～35 岁女性	55.6
唯品会	基于专业买手的精选好货推荐,超过 6 000 家品牌授权、100%正品保证	购物	25～35 岁女性	133.3
苏宁易购	采用线上线下结合方式的品牌零售,以专业团队为用户提供优质购物服务	购物	30～39 岁男性	33.3
蘑菇街	女性穿搭的分享社区,通过多种内容创作为用户推荐时尚商品,提供优质购物体验	分享(直播/提问)+购物	25～35 岁女性	10.9
聚美优选	优选好物,100%正品保证,以正品采购、优质售后政策为用户提供保障	购物	25～35 岁女性	5.4
考拉海购	采用针对性营销的方式自营直采、专业包装、精准推荐,让每一个消费者用到放心、优质的海外商品	社区(图文/视频+提问)+购物	25～35 岁女性	4.7

依据表 2-2 可以看出考拉海购和小红书均具有"社区+购物"属性,运营模式与主要用

户群体也相近,因此可将小红书的竞品选为考拉海购。竞争分析切忌大而全,越是大范围分析,越是无法分析透彻,从而降低价值感。对这两款产品从市场定位、用户场景、功能分析、视觉风格与迭代策略5个关键维度进行对比分析,见表2-3。

表2-3 小红书与考拉海购关键维度对比分析

产品	小红书	考拉海购
迭代版本(iOS)	7.86.3	5.18.2
市场定位	更关注用户体验的社区型跨境电商,以成为最受用户信任的互联网公司为目标	自营直采型电商,以为广大用户提供优质商品和服务为目标
用户场景	用户选择小红书主要是为了获取潮流资讯、找攻略和分享生活	考拉海购主打自营,承诺"100%正品",因此用户选择该平台主要是为了购买有品质保障的进口商品
功能分析	社区模块功能齐全,用户体验更好	社区模块除了发帖、"盖楼"的互动模式外,还有问答、邀请好友赚红包的功能,涉及的社交场景更广
视觉风格	白色为主,红色为辅,视觉上比较简约、清爽,符合"年轻人的生活方式"的风格定位;首页排版设计上兼顾用户分享的高质量图片和视频,整合和细节都做得很好,设计风格更受女性用户的喜爱	红色面积较大,整体风格相对正式和商业,首页排版设计上突出各种海报、图标与购物入口,设计风格无论男女,接受度都不错
迭代策略	重UGC,先社区再电商。版本迭代更注重图片美化、视频滤镜等软件功能,刺激用户进行原创、分享。从内容上挖掘女性用户需求,去"创作者中心化"的经验分享和以此为基础的商品选择有利于提升转化率和用户黏度。同时,小红书在版本迭代中设立回答社区,满足用户需求,吸引更多用户	重品质,先电商再社区。版本迭代更注重用户的支付、客服等购物体验功能。前期通过各种优惠吸引用户,后期通过专业、高效的购物体验提升用户黏度

将分析要点进行整合筛选,就能得出产品分析策略,这份分析策略可作为产品设计的参考,得到关键结论。小红书将社区运营作为重点,逐步走向泛娱乐、泛知识,传播方式主要为图文、短视频和直播等方式,去"创作者中心化"的方式提高了用户的创作热情,增加了用户活跃量,但如何将用户向商城引流、"社区—商城"之间的转化联系仍需要进一步探索。基于上述分析,小红书下一步产品迭代方向之一是加强电商模块的运营,增加商品界面的买家评价或讨论区;方向之二是优化社交模式,设立问答社区,利用用户需要使用小红书"做功课"的场景,增设问答社区可以使用户在该App上搜不到想要的东西时,有继续使用的想法。同时还可结合邀请回答的方式,一方面解决提问用户的需求,得以留住用户,另一方面可以增加社区内容,吸引新用户加入。总体来说,通过小红书自身在社交上的优势,在提升用户购买信任感的前提下,促成用户在平台上"做功课"后的购买行为,从而提升用户

在"社交—购物"之间的转化率,进而增加盈利。

2.2.3　搭建用户场景与绘制用户体验地图

完成用户画像及竞品分析后,即可搭建产品的用户场景与绘制用户体验地图。该环节尝试从产品经理的角度思考产品整体设计,不仅需要从用户场景出发,梳理并管理用户体验,还要透过用户视角在全景上审视对产品的使用体验,最后整个团队在产品设计过程达成共识。

用户场景是既具体又概括、既真实又灵活的产品设计叙述方法,能针对多角色、多任务描述细节,有助于协调项目的各个方面。当从产品经理的角度思考产品设计与优化时,需将产品设计回归用户场景,思考用户场景的常见问题:何时,何地,何人,有何需求,如何满足需求。例如,用户急需为第二天举办的活动购买一件衬衣。由于时间比较紧急,常规方法是直接去商场试穿购买。但此方法需考虑交通、寻找店面和比较品牌、价格等因素的耗时,时间成本较高。这种情况下,用户可以选择在既能有想要的产品,送货又快又及时的电商平台进行购买。这就是触发点,也是用户选择的理由。

搭建用户场景后需要绘制用户体验地图,包括整理证据、绘制地图、输出可视化结果3个步骤。整理证据即对用户研究阶段梳理好的用户行为、痛点、想法等证据进行分类整理,如表2-4所示。

表2-4　用户研究阶段的数据整理(示例)

阶段 用户体验	阶段1	阶段2	阶段3	阶段4	阶段5	阶段6
用户期望/目标						
行为						
想法						
情绪曲线						
痛点						
感受						
机会点						
…						

整理证据后即可开始绘制用户体验地图。"便利贴+白板"的形式非常适合产品开发团队成员相互配合、共同绘制用户体验地图。但这种形式的输出结果对于非项目成员来说很难一眼看明白,因此需要一份可视化电子版用户体验地图,便于产品开发项目涉及的所有人员直观形象地理解。以 i 深职为例,其图书馆专区用户体验地图如图2-6所示。注意,用户体验地图的绘制过程中注重的是思考、总结和洞察能力,不应在用户体验地图的美化上投入过多精力。

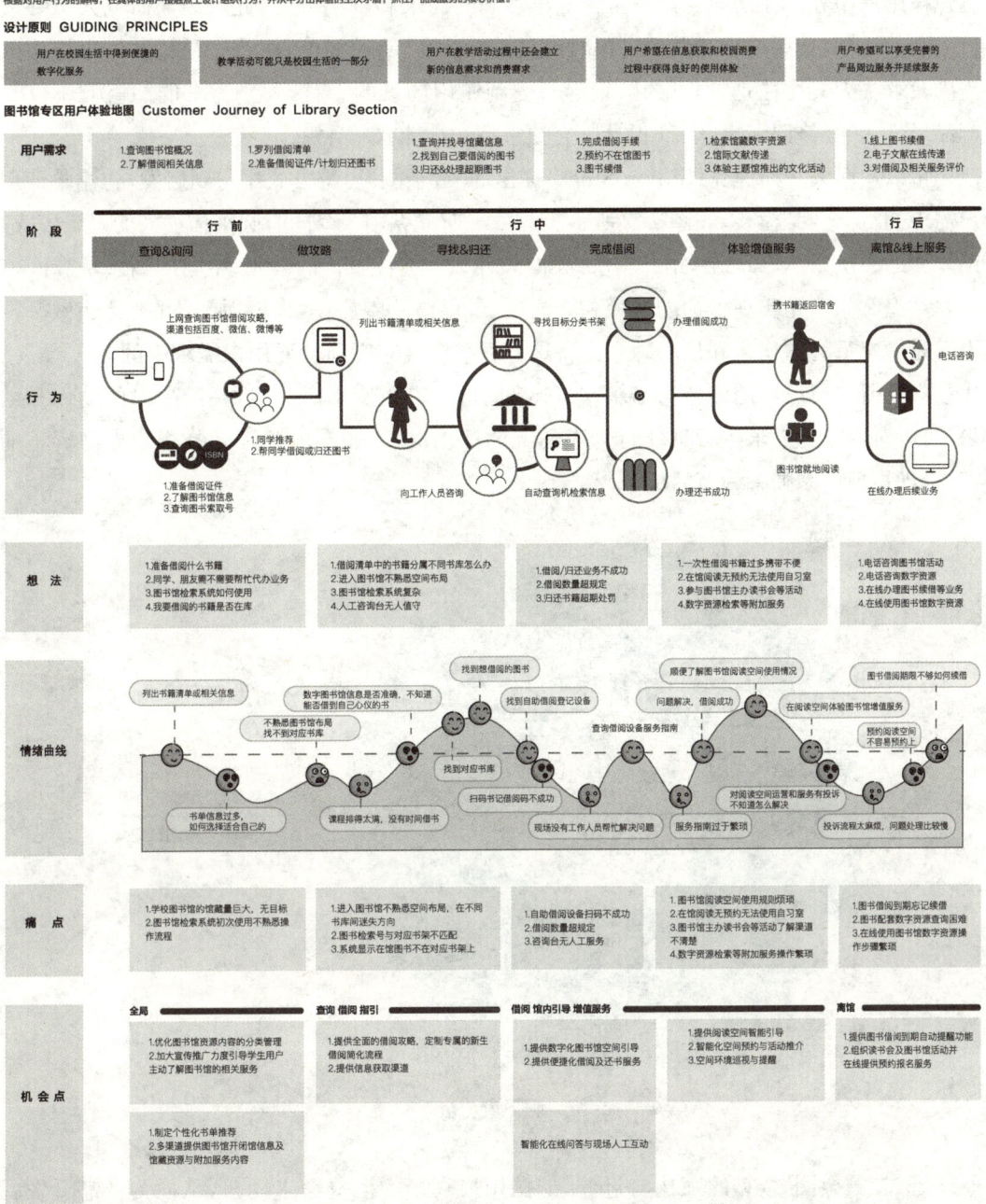

图 2-6 i深职的用户体验地图（图书馆专区）

2.2.4 验证用户需求

在验证用户需求阶段,注意甄别"真需求"与"伪需求"。抓住"真需求"可以实现用户的强关联,从而实现用户的稳定增长,而"伪需求"是特定的、短暂的、浮于表面的用户需求,会迅速被用户抛弃。在访谈中用户常常提出不同的需求和解决方案,此时用户研究人员一般首先表示认同,让用户感知共情,并做好记录,然后在"头脑风暴"时进行讨论。用户提出的需求及解决方案往往是"当下的",很容易受到使用场景的干扰,甄别需求的"真伪"不仅是产品经理的"必修课",也是UI设计师必须掌握的技能。

可以从西蒙·斯涅克(Simon Sinek)提出的"黄金圈"思维方式中得到启发,构建验证用户需求的"黄金圈"模型,如图2-7所示。西蒙·斯涅克用3个同心圆来描述人的思维模式。最外面的圈层是"What"层,指"是什么"和"做什么",关注事情的表象;中间的圈层是"How"层,指"怎么做",是实现目标的途径和方法论;最里边的圈层是"Why"层,指"为什么做一件事",是做出行为的初衷和核心理念。将这套思维模式应用到验证用户需求中的,"What"指用户在调研中所反馈的问题与需求;"How"是指用户在使用产品、选择产品时的动作和结果,可以对用户的需求进行具体行为表达上的证伪;核心圈层的"Why"指用户内心真正的需求,即用户一系列行为背后的原因。

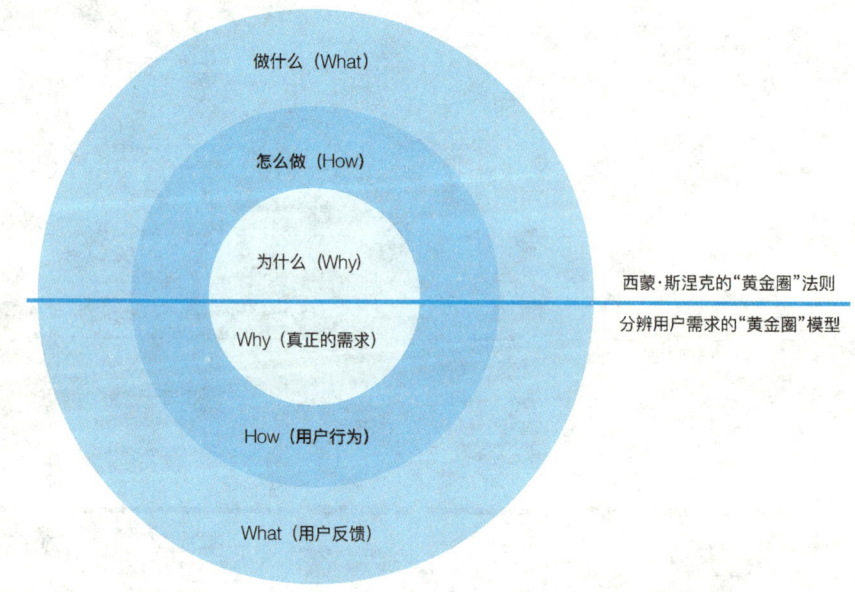

图2-7 "黄金圈"模型

通过"黄金圈"模型的筛选与过滤,挖掘用户真正的消费需求动机,从而为产品开发找到应对用户需求的有效解决方案。而那些被过滤的"伪需求"不仅有用户对问题错误理解、缺乏对解决方案的想象力的问题,还有项目不具备可行性的问题。比如消费人群不够大,对这类"硬造场景"感兴趣的都是小众,无法落实到真实的大众生活里去,产品无法扎根。

"O2O"的上门服务中就存在很多"伪需求",例如上门洗车、上门美容,这些服务用户消费频次太低,而且多数人不希望陌生人到访自己家。此外,一对一上门服务,可能还会额外增加沟通成本,因此当运营平台的价格补贴取消后,这些服务就迅速失去了吸引力。

综上所述,UI 设计师需要理解并甄别用户需求,先从问题的源头开始,理解需求的目的、缓急程度和重要程度。如果归集为需求验证模型就是根据需求强度进行强弱排序,对项目产品或服务成本进行评估,综合验证需求的"真伪"和可行性,如图 2-8 所示。

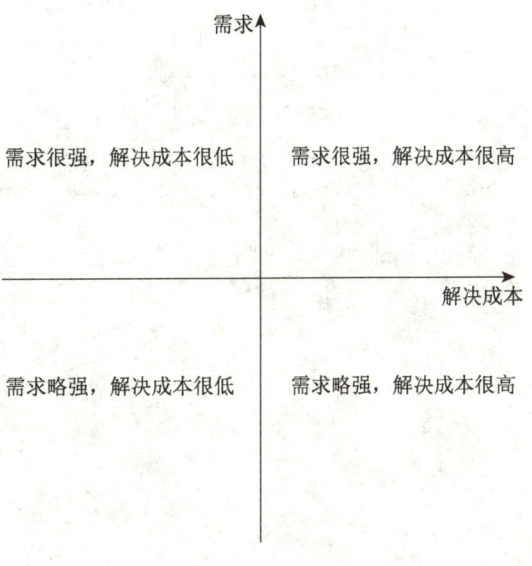

图 2-8 用户需求验证模型

任务 2.3 撰写产品概念设计报告

2.3.1 规划产品信息架构

通过任务 2.2 所做的用户需求分析报告,明确了用户需求的多个维度,让项目的后续操作有的放矢,而对设计任务的分析也是实现用户需求的必经阶段。接下来,UI 设计师应该与交互设计师一起完成产品概念设计报告,重点思考产品结构的具体表达方式,确定将要呈现给用户的元素的"模式"和"顺序",即结构层的设计。结构层的设计关注信息架构和交互设计,诸如流程的进行方式、导航的布局原则、界面元素的位置逻辑等,设计师要根据用户的使用场景、行为、思考等方式将范围层中的功能和内容以一种有序的结构排列,高效、顺畅地实现用户需求。这一阶段的主要输出物包括两大类:信息架构和流程图。其中信息架构包含功能结构图、信息结构图、产品结构图;流程图包含业务流程图、任务流程图、页面流程图。

1. 功能结构图

产品概念设计阶段应该首先总结产品的功能结构,也就是在功能结构模块的基础上强调各个功能间的逻辑关系,并根据需求的优先级对产品功能进行更详细的描述。以 i 深职(教工版)为例,其功能结构如图 2-9 所示,图中包括"首页""办事""教学""生活""我的"功能模块。功能模块可以根据具体情况分解得较大或较小,分解得最小的功能模块可以

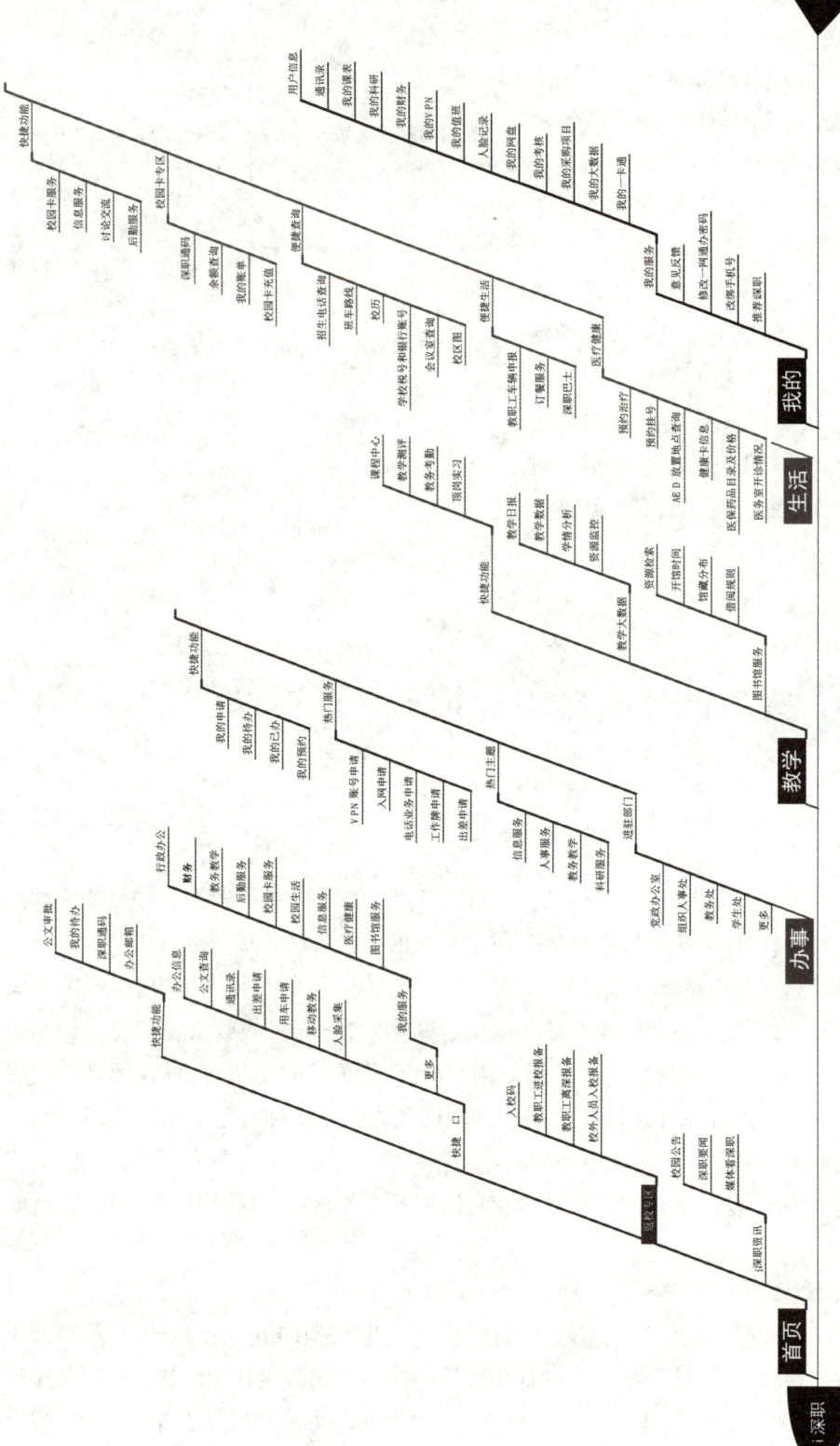

图 2-9 i 深职（教工版）功能结构图

是一个程序中的每个处理过程,较大的功能模块可以是完成某一个任务的一组程序。简单地说,功能结构图是以功能模块为类别,介绍模块下各功能组成的图表。产品功能结构图的重点是梳理产品的功能逻辑与功能模块。

2. 信息结构图

功能详细结构图确定和完善后,要绘制信息结构图。这个过程需要对产品信息结构进行分析设计,列出产品设计的核心功能与板块的关系,而不是简单的叠加。搭建信息结构的主要目的是在产品信息与用户认知之间搭建一座桥梁,不仅需要设计信息的组织结构,还需要研究信息的表达和传递。对产品来说,信息结构是产品的信息组织方式,包括节点、内容样式等。

信息结构图的绘制往往是脱离产品的实际页面,将产品的数据抽象出来,重点是梳理具体页面及页面的字段信息。信息结构图的具体操作步骤如下。

1)确定关键的一级节点

绘制一款产品信息结构图,首先需要确定围绕产品拓展开的一级节点,这是最主要的信息模块,如图 2-10 所示。

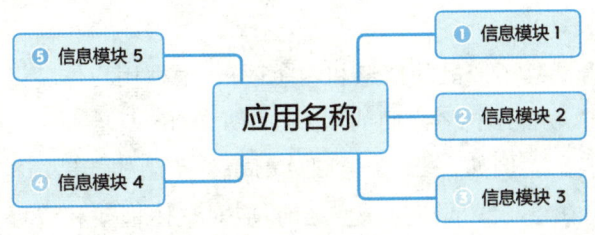

图 2-10　应用的一级节点

2)完善信息结构

从图 2-10 中的信息模块 1 开始添加具体子功能模块,子功能模块可能还包含了更多的从属模块,这就需要确定绘制的层级,如图 2-11 所示。过多的层级不利于用户体验,一般设置在 5 级以内。

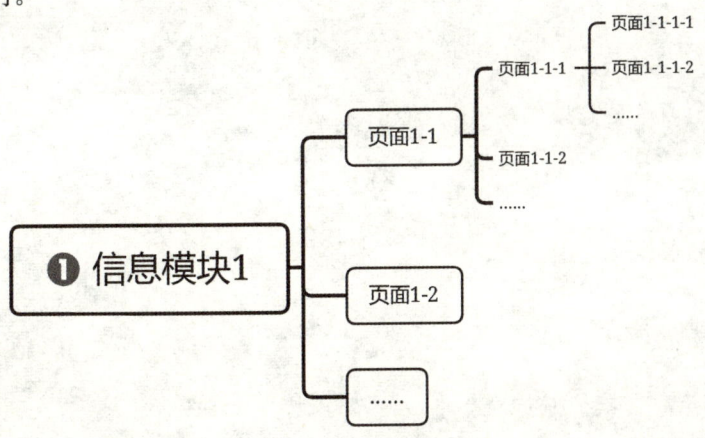

图 2-11　信息结构的层级细化

3) 明确标识重复出现的相同页面

现实中,某个页面或功能经常在一个应用内由不同的路径触达,比如电商应用中"商品详情页"就是许多不同路径入口触达的最终落地页面。因此,在绘制信息结构图时应注意该页面只需在某个信息模块内展开即可,如图2-12"信息模块1"中的"页面1-1"等详情页。当信息模块2也用到上述详情页时,只需填写页面名称,无须再次展开。在不同的一级节点信息模块内,使用到相同的页面时,建议明确标识该页面与其他一级节点信息模块中的内容相同,以便快速辨识,如图2-12所示。

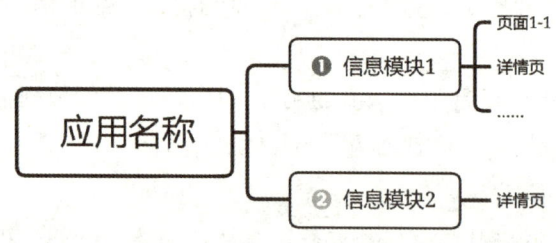

图 2-12　同一页面的标识

3. 产品结构图

产品结构图综合展示了产品的信息和功能逻辑,根据用户体验设计的分层,可知产品结构图与信息结构图、功能结构图之间的联系,如图2-13所示。简单地说,产品结构图就是产品原型的简化表达。例如,一款普通阅读书籍类产品的产品结构图如图2-14所示。绘制产品结构图必须在绘制线框图与原型之前,应对整体框架和流程有全面的认知,避免

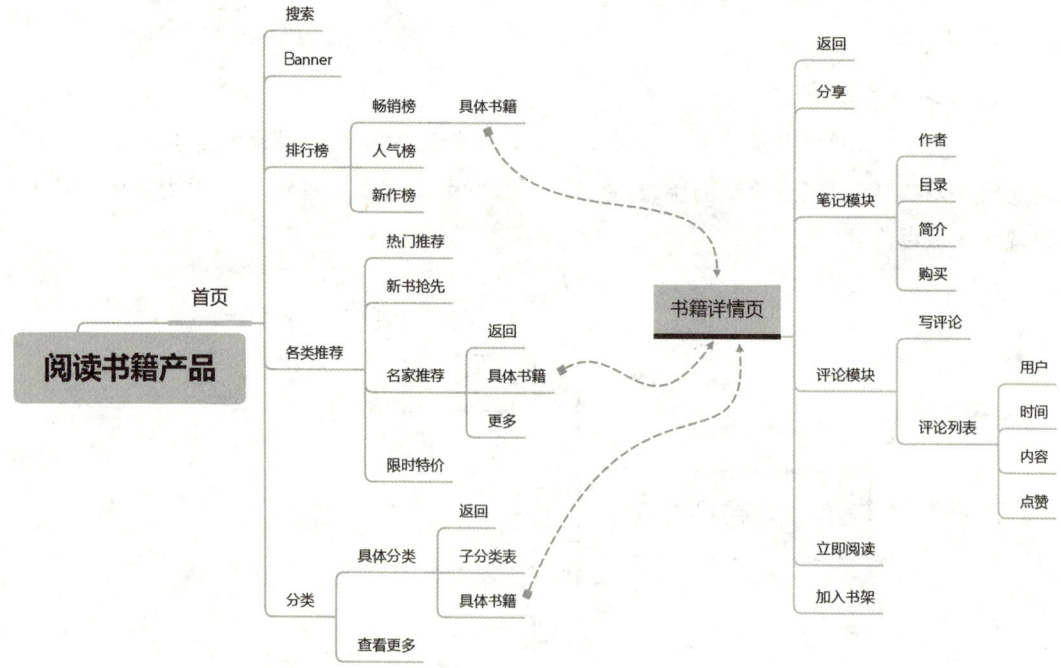

图 2-13　信息架构关系

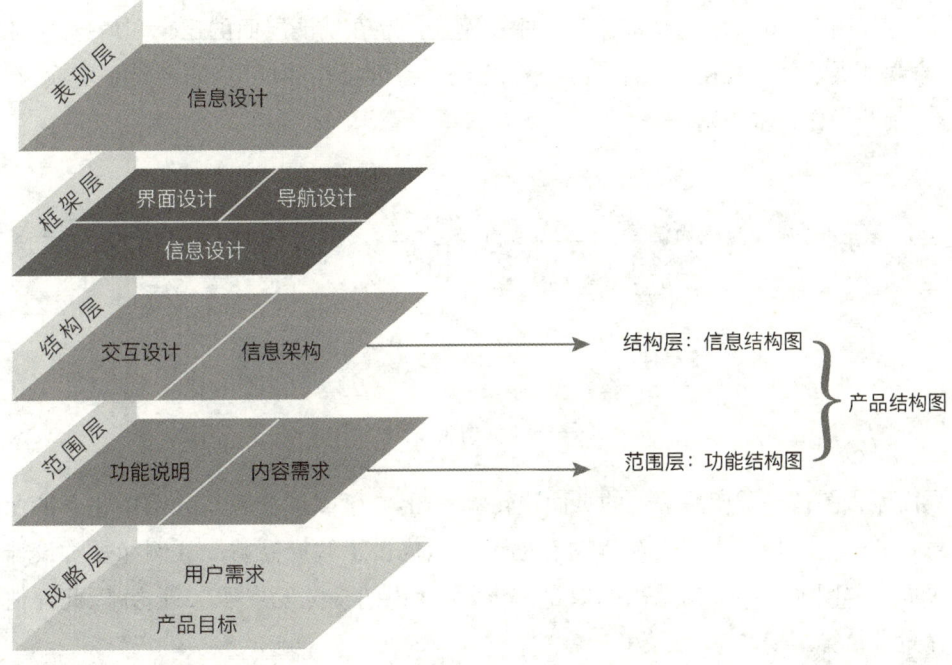

图 2-14 阅读书籍类产品结构图

做无用功。逻辑清晰的产品结构图可以帮助设计师理解业务需求,梳理产品核心功能及任务流程。

2.3.2 绘制产品流程图

流程图(Flow Chart)也称为输入-输出图,是用来直观地描述一个工作过程的具体步骤图。流程图将逻辑关系以图形的形式呈现出来,具有可视化的特点。绘制流程图不仅可以帮助 UI 设计师梳理逻辑关系,查漏补缺,还可以提高沟通效率。另外,在产品功能进行调整时,流程图可以帮助 UI 设计师清楚地知道功能改动时涉及的模块。因此,UI 设计师熟练掌握不同类型流程图的规范绘制是提升产品设计落地效率的必要手段。

1. 流程图的主要类型

根据描述内容的维度,流程图主要分为业务流程图、功能流程图和页面流程图。

业务流程图用于描述完整的业务流程(包括角色、环节等),即要完成一项任务涉及的全部操作流程,如图 2-15 所示。

图 2-15 业务流程图

功能流程图指业务流程图中某一固定主体的具体任务操作流程图,通常是业务流程图的细化版,如图2-16所示。功能流程图主要阐述产品在功能层面的逻辑和信息,它能够更清晰、直观地展示用户在使用某个功能时产生的一系列操作和反馈(如判断必填项、判断登录状态、判断操作权限等)。

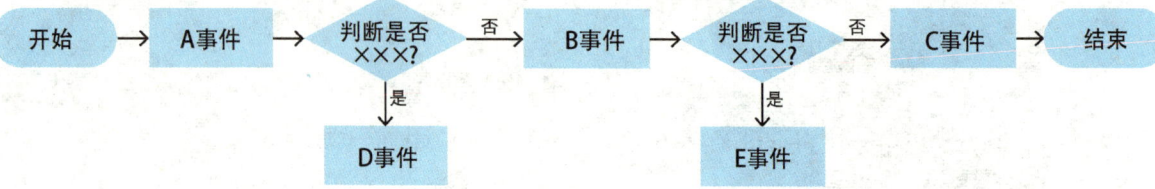

图 2-16　功能流程图

页面流程图指电子产品呈现的页面跳转流程图,它承载了业务流程图中包含的业务流转信息,如图2-17所示。页面流程图有助于团队成员了解产品情况。例如视觉设计师可通过页面流程图大致知道视觉稿的数量需求,页面中的视觉元素需求等,并以此评估自己的工作量及估算工期。

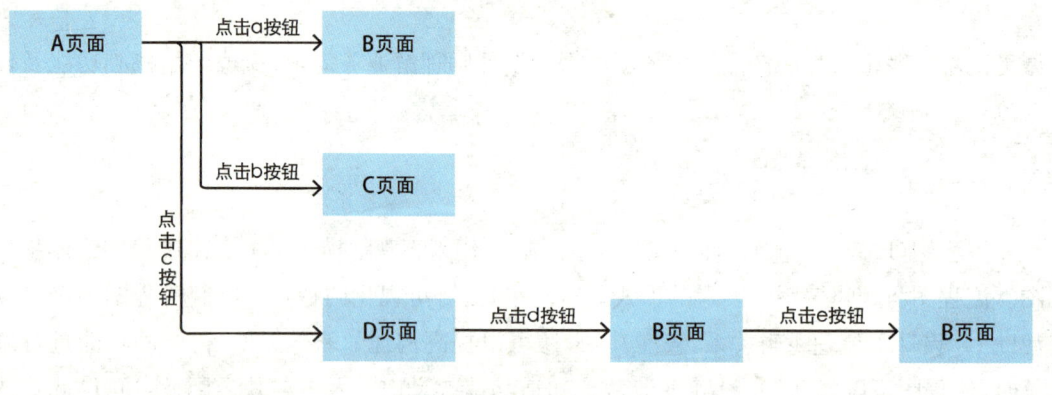

图 2-17　页面流程图

2. 流程图的绘制要求

绘制流程图首先要规范符号使用,见表2-5,不建议以设计师的审美视角自行设计新样式。

表 2-5　流程图符号使用规范

符号	名称	定义
	开始或结束	表示流程图的开始或结束

（续表）

符号	名称	定义
	流程	即操作处理,表示具体某一个步骤或操作
	判定	表示方案或条件标准
	文档	表示输入或输出的文件
	子流程	即已定义流程,表示决定下一个步骤的子进程
	数据库	即归档,表示文件和档案的存储
	注释	表示对已有元素的注释说明
	页面内引用	即连接,表示流程图之间的接口

流程图的绘制除要规范符号使用外,还须遵循以下基本要求。

（1）为了提高流程图的逻辑性,绘制过程应遵循从左到右、从上到下的顺序。

（2）同一流程图内,符号大小需要保持一致,同时连接线不能交叉,连接线不能无故弯曲。

（3）一个流程图必须从"开始符"开始,且只能出现一次,"结束符"可出现多次。

（4）菱形为判断符号,必须要有"是（或 Y）"和"否（或 N）"两种处理结果,即一定会有两条箭头流出,且上下端一般用"是（或 Y）",左右端用"否（或 N）"。

（5）若流程处理关系为并行关系,则需要将流程放在同一高度。

（6）必要时应采用标注以清晰地说明流程,标注要用专门的标注符号。

（7）同一路径的指示箭头应只有一个。

以"滴滴出行"为例,其下单业务流程图、下单功能流程图、页面流程图分别如图 2-18—图 2-20 所示。

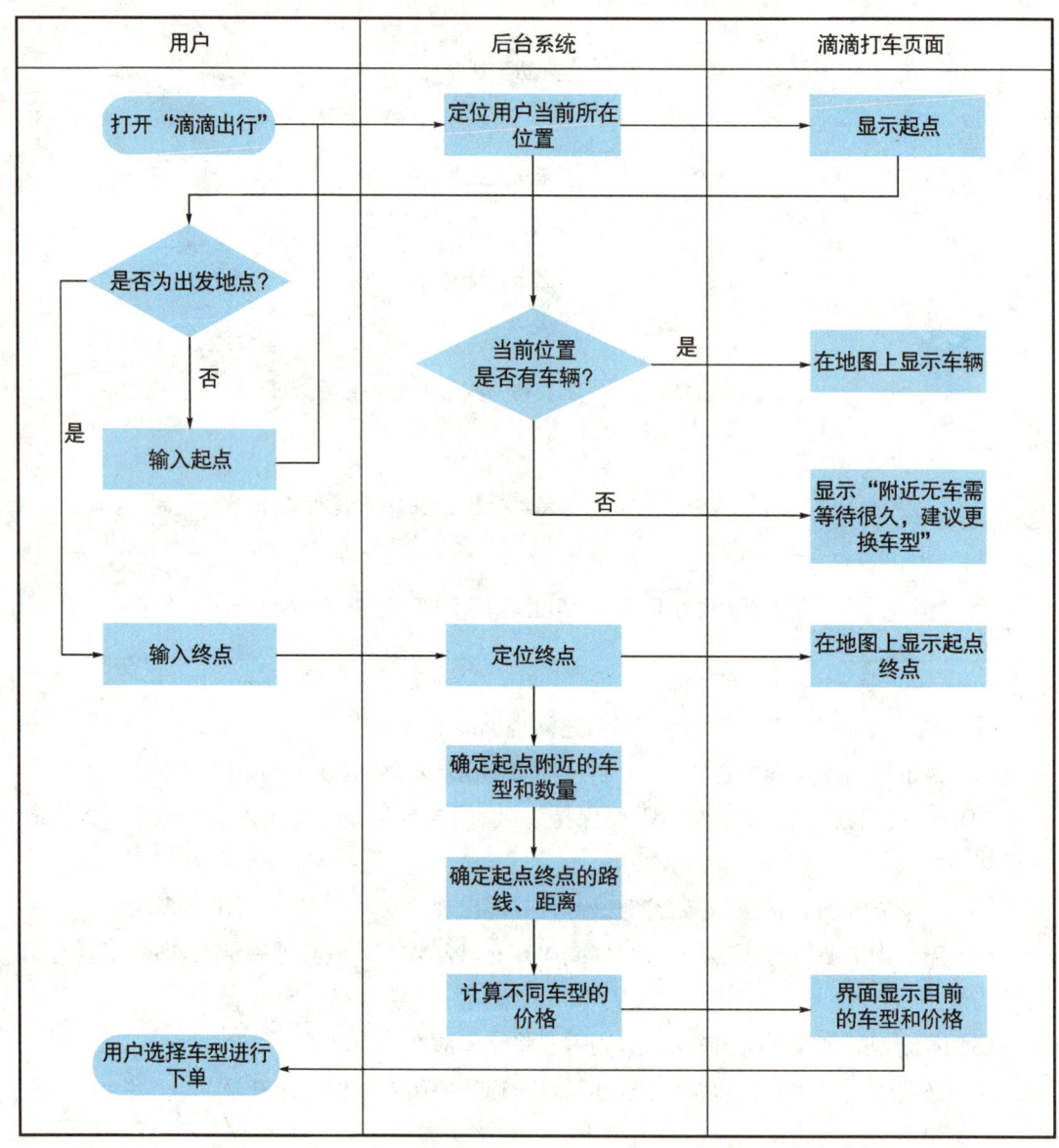

图 2-18 "滴滴出行"下单业务流程图

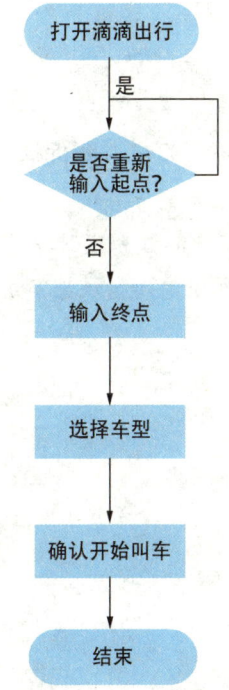

图 2-19 "滴滴出行"下单功能流程图

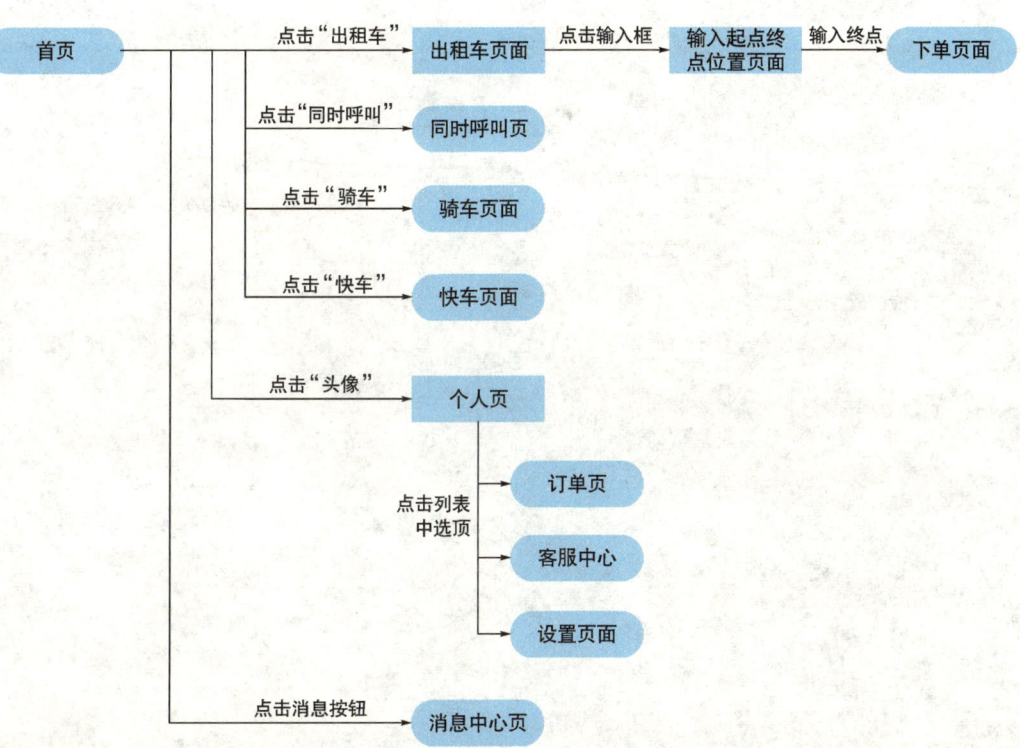

图 2-20 "滴滴出行"部分页面流程图

项目实训

1. 在用户需求研究基础上,撰写产品需求分析报告,包括竞品分析、用户画像、用户体验地图。

2. 在拟定产品设计选题后,撰写产品概念设计报告,明确产品信息架构和基本流程图。此后项目3至项目6的所有项目实训均围绕该选题展开,不再反复赘述。

视觉化信息设计

课 时

8 学时

项目描述

在本项目的学习中,学生将了解信息设计在整个产品界面设计中的重要作用,能够通过有效的信息设计来提升用户获取产品信息的体验;熟悉各种常用的视觉信息规划方法,包括标签、导航与搜索系统的信息规划和消息通知系统设计等,在理解视觉信息含义的基础上提升信息的视觉表达效果;熟悉格式塔视觉心理在信息设计实践中的运用,能够准确、规范地规划产品的视觉信息结构,提升专业素养。信息设计的难点在于如何有效展示信息,而不是如何吸引用户或进行艺术性的表达,这对以视觉设计和艺术表达为主的数字媒体设计专业学生来说就需要强化信息规划的理性思维。在整体信息架构确定的前提下,还要充分考虑产品界面的信息密度、信息层级和信息分组,保持界面分组清晰明了。

学习目标

知识目标	1. 了解常见的两种信息架构分类体系包括两种层级结构的做法
	2. 掌握标签系统作用与用法
	3. 掌握主要的导航系统形式与用法
	4. 掌握搜索系统的三种类型与用法
	5. 掌握消息通知系统设计方法
	6. 了解格式塔心理学在界面设计中的应用
能力目标	1. 掌握信息规划的一般方法与表现形式
	2. 熟练处理界面信息密度、信息层级和信息分组
	3. 熟练运用格式塔心理学设计界面形式
素质目标	1. 培养良好的视觉信息规划能力
	2. 主动学习信息搜集相关法律法规,培养规则意识

任务 3.1　搭建产品视觉信息框架

在项目 2 中,设计师通过分析用户需求明确了较为具体的设计服务对象,梳理了包含内容和行为的信息架构图和流程图。UI 设计师需要将界面上的信息清晰有序地呈现给用户,使产品界面不仅有用,并且美观、易用。如何通过有效的展示来提高用户应用信息的性能,在众多信息中能够迅速找到自己所需要的,并且使得信息能被有效地理解,这就涉及信息设计的范畴。

移动端电子产品的显示空间是有限的,但是可以在有限的屏幕空间中延伸出更多的遐想空间。UI 设计可以帮助用户从零散的视觉元素中获得完整的界面信息。推送广告也是界面中常见的视觉元素,包括程序启动全屏广告、首页横幅广告(Banner)、公告形式广告、插屏广告、贴片或角标广告,也需要纳入总体界面进行整合设计。因此,对界面中各种视觉元素进行合理规划是信息设计的第一步,UI 设计师需要帮助用户准确快速地掌握产品的整体功能与内涵。

3.1.1　产品信息架构

常见的两种信息架构分类体系包括从上往下和从下往上两种层级架构方法。

1. 从上往下

当从战略层(产品目标)出发考虑内容分类时常使用从上往下的架构方法。首先对最广泛的、能满足决策目标的内容与功能进行分类,然后按逻辑细分次级分类,最后将想要的内容和功能按顺序——填入即可,如图 3-1 所示。

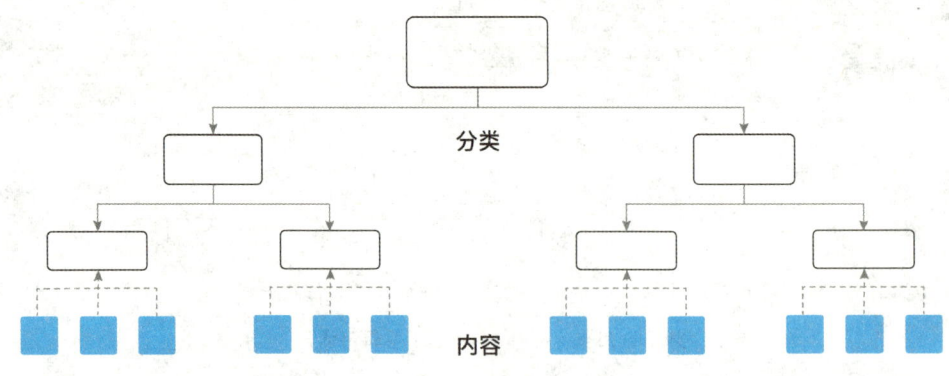

图 3-1　信息架构分类体系(从上往下)

2. 从下往上

当从内容和功能需求的角度考虑内容分类时常使用从下往上的架构方法。首先把已有的所有内容放在最低层级分类中,然后再将这些内容分别归属到较高一级的类别,如图 3-2 所示。这种分类方法其实就是在做归类,类似于使用卡片分类法去梳理信息架构。首先将所有的功能点用一张张卡片写下来,然后让"目标用户"参与信息分类,并反馈相关分类标准作为产品设计师去梳理信息架构的参考。实践过程中,更需要设计师或者产品经理本身有一定的信息筛选、梳理、分类的能力,进而通过用户测试去检验分类信息的传达有效性。

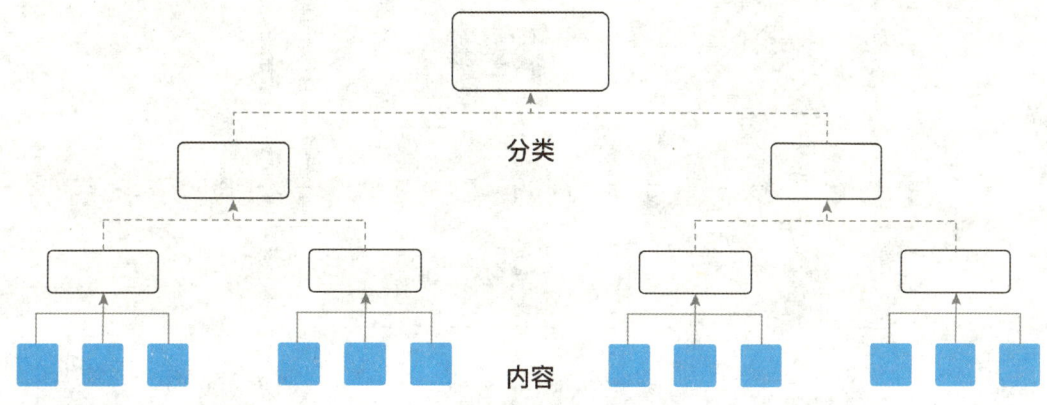

图 3-2　信息架构分类体系(从下往上)

层级结构图是信息架构图的基础。在实际操作中,信息架构图可能有一定程度的迭代优化,最终产出基于页面的信息架构图。智慧校园 App"i 深职"(学生版)的主体部分按从上往下的架构方法分为"首页""办事""学习""生活"与"我的"这 5 个主要分类,其他的次级分类再逐层细分,如图 3-3 所示。

3.1.2　标签、导航与搜索系统

1. 标签系统

标签系统的搭建是产品设计的常见流程之一,一个合理的标签系统有助于更好地运营管理产品并助力于后续的迭代升级。在 App 的信息设计中,标签(Tag)是一种以极简形式展现属性、操作或输入的小组件,通常是一个关键词或小图标。标签的物理原型可以是日常生活中的纸质标签,也可以是用作介绍物品规格的小纸牌,其特点是轻量、灵活。而在用户界面中,一张图、一首歌、一种操作乃至任何一条用户原创内容(UGC 内容),都可以标签化。

如图 3-4、图 3-5 所示,标签的形式自由,图 3-4 中按照适用场景给推荐歌单贴上"健身""跑步""专注""提神"和"放松"等标签,方便用户快速锁定目标音乐类型。标签可以根据内容的变化自然地出现或隐藏。图 3-5 中"听故事"的标签按钮较为突出,"听儿歌""听知识"同样具备链接功能,却以一种轻量化的标签形式自然出现。另外,部分标签也可作为快捷输入的工具,节省文本框逐字输入的时间成本,如图 3-6 所示,历史记录和热门搜索都以标签的方式直接出现在搜索框下方,方便用户直接点击。

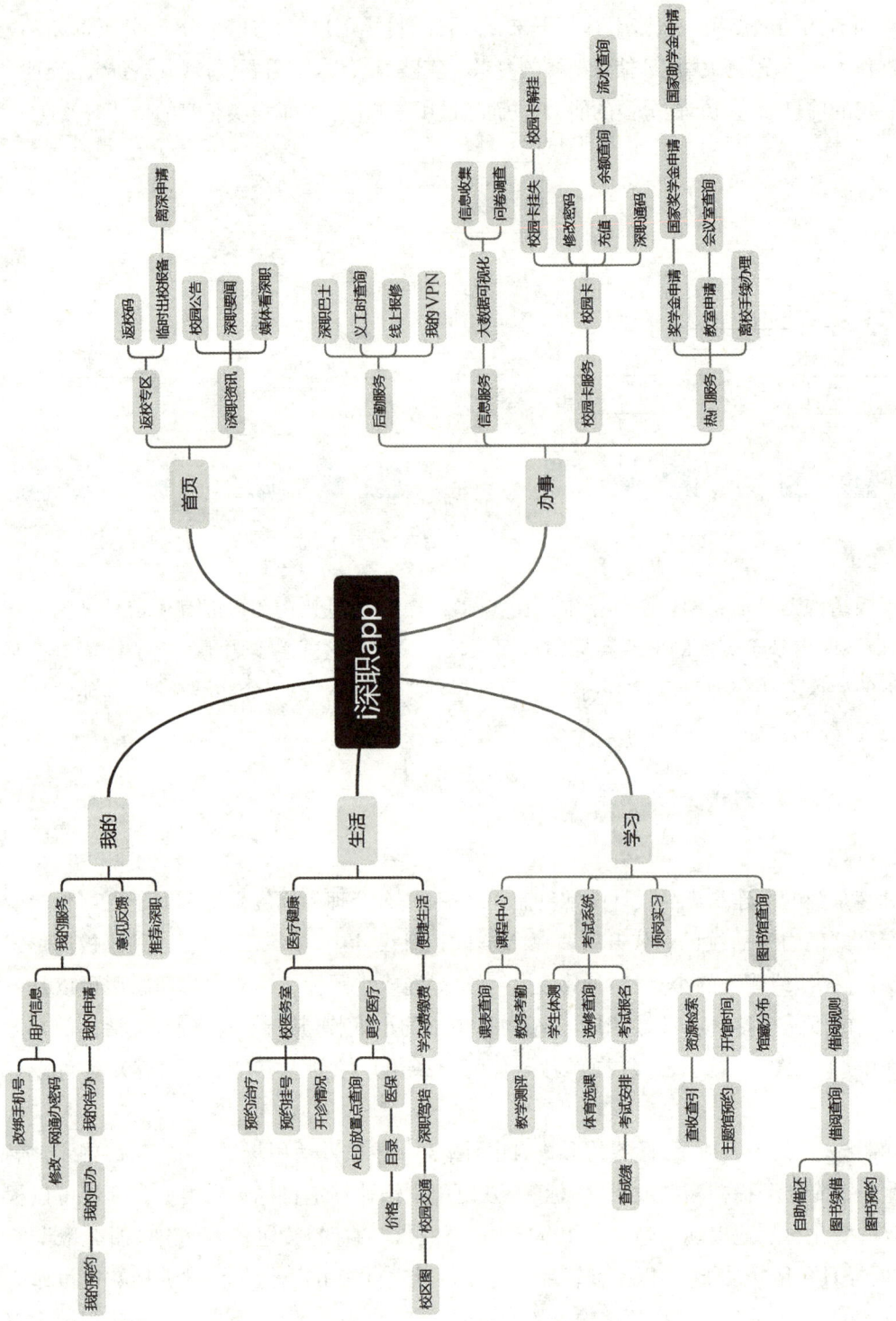

图 3-3 "i 深职"（学生版）信息架构

图 3-4 场景音乐下的标签

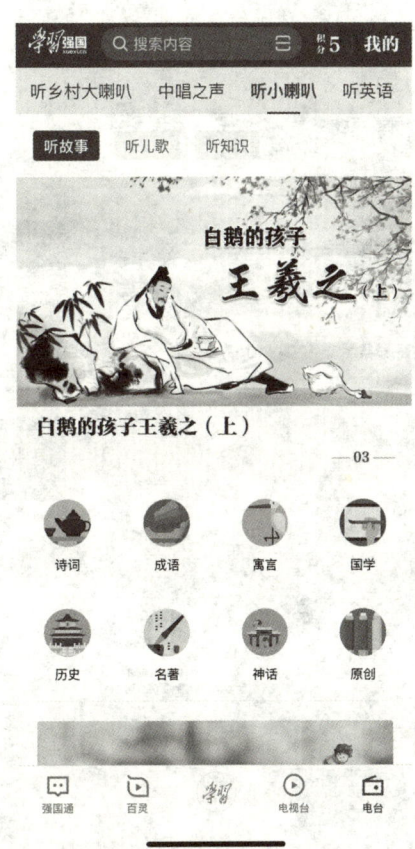

图 3-5 "学习强国"中的标签应用

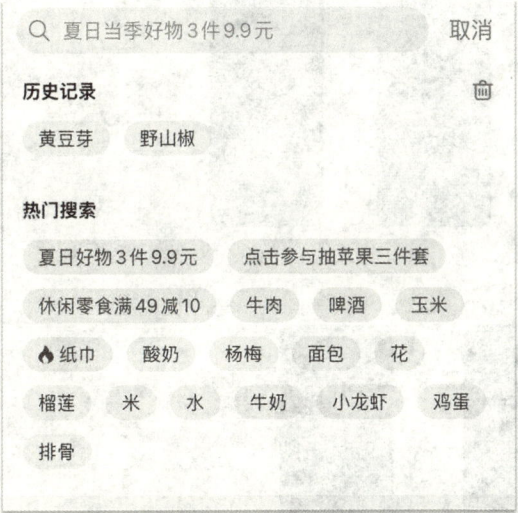

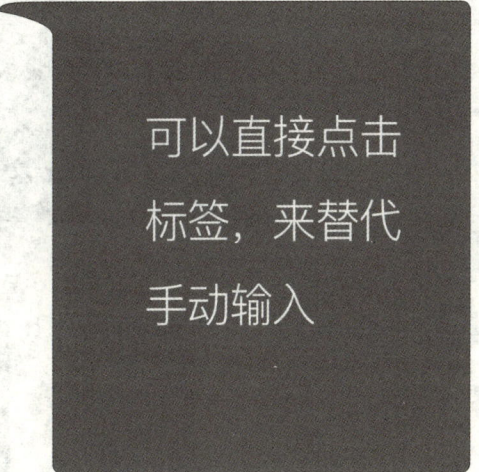

图 3-6 替代手动输入的标签形式

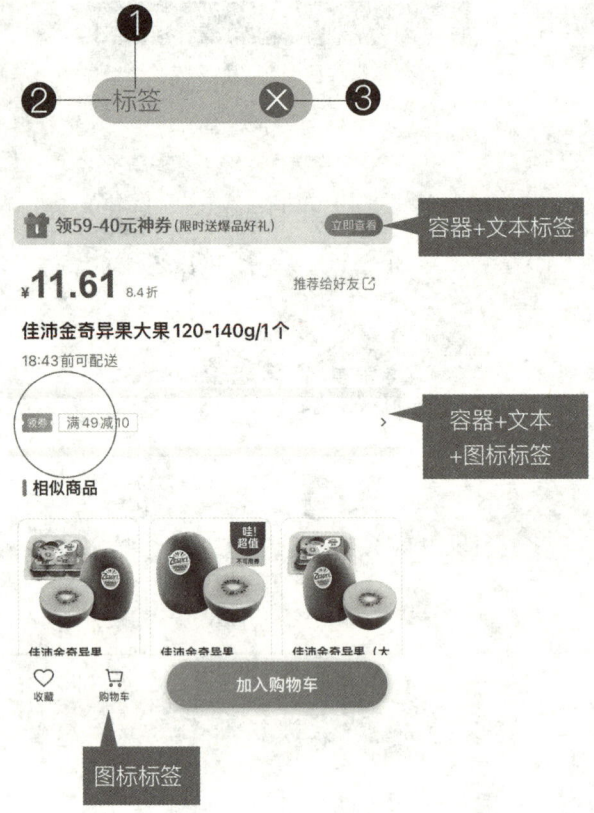

构成标签的元素如图3-7所示,包括①容器、②文本和③图标,这些元素可以根据应用情景自由组合。纯图标标签更富有设计感又吸引眼球,但这种图标必须是用户可轻松识别的;纯文本能更直观地表达含义,但因其字数受限,主要用于抽象的或分类较多的标签;当图标结合文本时,面积会较大,视觉冲击较强,这种组合形式一般出于交互功能的需要,或用于节日和特别专题。

2. 导航系统

App的导航系统要求能够合理展示产品的功能,并快速引导用户使用而不干扰用户的选择,增强产品的识别度。常见的导航形式如图3-8所示。

图3-7 标签构成元素

图3-8 7种常见的导航形式

1)底部标签式导航

底部标签式导航是目前最常见的导航形式,一般采用3~4个标签,最多不会超过5个,如图3-9所示。采用这种导航模式的优点是入口直接清晰,操作路径短,便于在不同功能模块进行跳转,还能直接展示入口内容,内容曝光度高。底部标签式导航的局限性在于功能之间无主次,也不利于后期的功能扩展。

图3-9 底部标签导航

2）舵式导航

舵式导航是底部标签式导航的扩展形式，中心标签像指挥轮船的船舵，两侧是其他操作按钮，如图 3-10 所示。舵式导航将主功能按钮放在中间，标签更加突出醒目，同时对该标签进行功能扩展。其优点是在默认加载的页面之外能够突出强调中间的入口，而且入口直接清晰。其与底部标签式导航类似，操作路径短，便于不同功能模块进行跳转，可以直接展示入口内容，内容曝光率高。

图 3-10　舵式导航

3）Tab 式导航

当同一页面中内容分类较多时，为了在不同模块间切换，一般采用 Tab 式导航设计模式，如图 3-11 所示。这种导航模式的优点是标签数量可以根据需求变化，在左右滑动中扩展更多标签。但是，过多的标签会使操作热区减小，交互动作样式差异减少。

图 3-11 Tab 式导航

4）抽屉式导航

抽屉式导航的核心思路是"隐藏"。隐藏非核心的操作与功能，让用户专注于核心功能操作。这种导航形式一般用于二级菜单。这样可以在有限的界面中节省展示空间，让用户的注意力聚焦于当前页面内容。其缺点是在单手操作时难以触达左上角的按钮，降低了用户对产品部分功能的参与度，如图 3-12 所示。

图 3-12　抽屉式导航

5）宫格式导航

宫格式导航如图 3-13 所示，入口全部集中于主页面，各个入口相互独立，无法跳转互通，那么用户的无法第一时间看到内容或者执行操作。另外由于返回路径比较长，用户也更容易产生不良情绪，因此宫格式导航在主页面的应用频率越来越低。但是当宫格式导航应用于二级页面时，一系列工具入口聚合在二级主页面，使功能展现更清晰、直观，不仅便于用户在不同功能模块间跳转，而且提升导航系统的扩展性，能增加多个入口。

图 3-13　宫格式导航

6）列表式导航

列表式导航和宫格式导航类似，都更加适用于二级页面，是现有 App 中主要的信息承载模式，如图 3-14 所示。列表式导航又可以分为 3 类：只显示一行文字或文字加一张图片的标题式列表、在列表中体现出部分内容且点击后呈现详情的内容式列表、由多个列表层级组合而成的嵌入式列表。列表式导航具有结构清晰、易于理解的优点，能够帮助用户快速定位到对应的页面，还能在列表上直接给出关于活动及更新的提示。但是，列表式导航的排版方式较为单一，且在多个入口之间不分级，不利于突出功能入口的优先级。

图 3-14　列表式导航

7）组合式导航

组合式导航多用于产品本身功能较为复杂的情况，既需要用户能聚焦于内容，又需要展示不同页面之间的入口，以便用户直接跳转。组合式导航将各类导航形式组合运用，利用不同导航形式的特性满足产品需求，如图 3-15 所示。

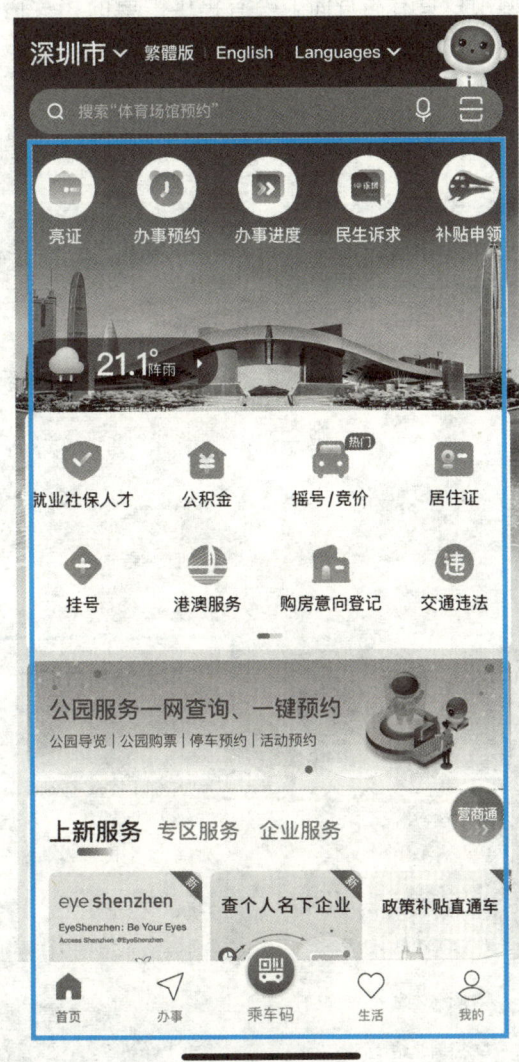

图 3-15　组合式导航

3. 搜索系统

几乎所有网站和应用程序都需要配置搜索系统。如图 3-16 所示为地图与打车 App 中的搜索系统。它是用户直接到达"目的地"的"通道"，具有引导用户"走向"的重要作用。根据用户是否主动使用搜索功能可以将用户分为以下 3 种类型。

1）任务型用户

即直接使用搜索功能的用户，目前大部分用户都是任务型用户。这类用户往往进行有目的性的搜索,例如用户根据自己的购物清单直接搜索商品名称。

2）链接型用户

即常通过链接（首页广告、功能入口等）进入页面的用户。用户想购买一件商品,但还没有确定品牌,于是找到类目入口,在类目里找到目标商品的分类再点击进入页面,而不是直接搜索关键词。链接型用户只有当页面上没有提供需要的相关信息链接时,才会选择使用搜索功能。

3）混合型用户

这类用户兼备上述两种行为,选择当下最好的方式获得目标信息。

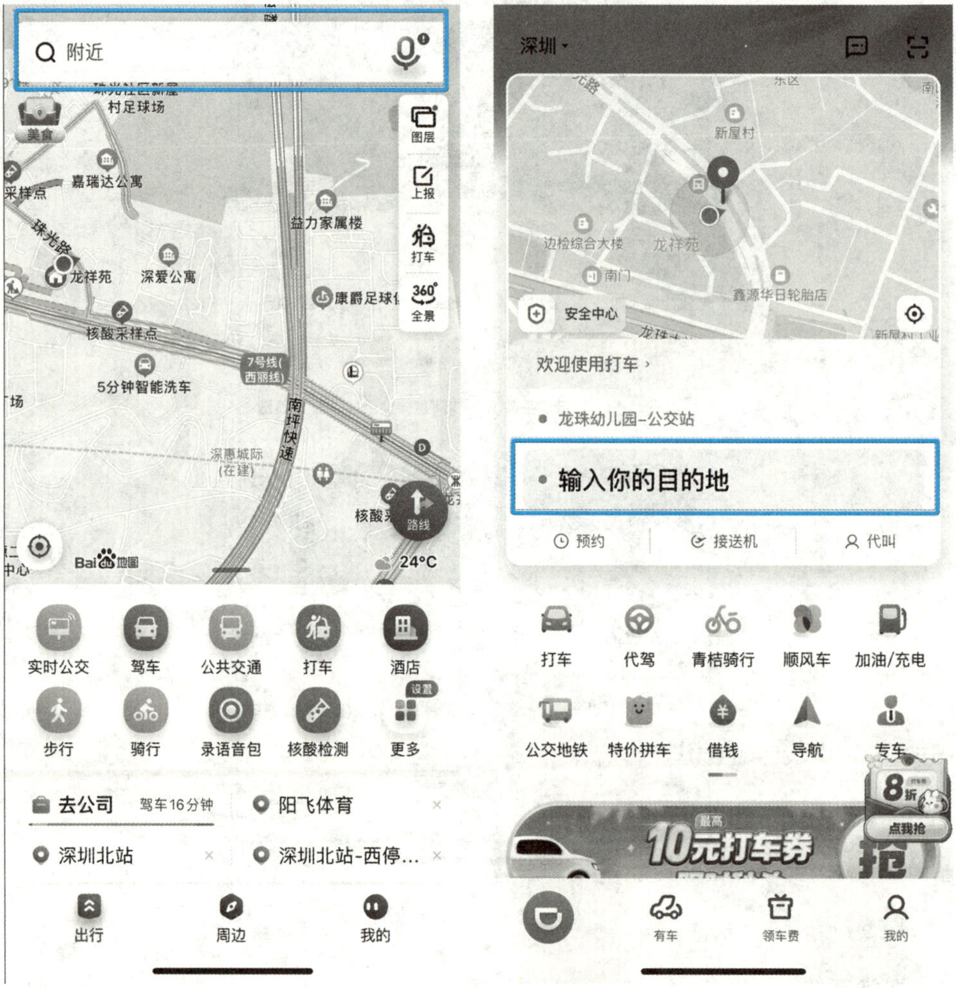

图 3-16 搜索系统

无论哪种类型的用户,搜索的目的都是快速得到想要的结果。搜索入口是用户使用搜索功能的第一站,最理想的状态是用户不需要输入文字或语音等交互操作就可以直接点击标签查看搜索结果,因此搜索页中的推荐信息对提高用户搜索效率有着非常重要的作用。

3.1.3 消息通知系统设计

消息通知系统可以及时地将状态、内容的更新触达用户,以便用户做后续判断。特别是涉及复杂任务流程的产品,消息类型繁杂,难以全面盘点,此时消息通知系统的设计就显得尤为重要。

1. 理解消息通知

在移动端 App 和 Web 端应用中最常见的信息交换方式就是消息通知,它可以理解为"在达到某一触发条件后,由发送方发送消息给到接收方,接收方可针对此条消息提供反馈"。在这个抽象过程中包含的关键要素,如图 3-17 所示。

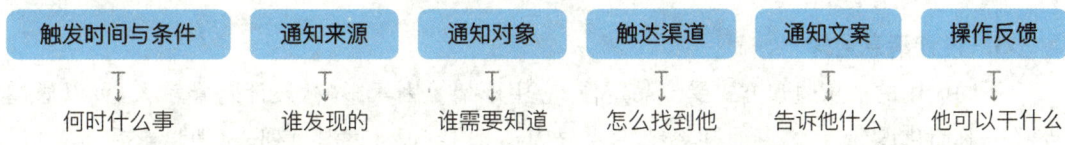

图 3-17 消息通知过程中的关键要素

消息通知系统需满足以下条件。

(1)全面:通知的消息项要完整全面,使用户放心通过消息通知系统了解更新内容。

(2)及时:消息的触达方式要及时有效,在相关事件发生后,用户能在第一时间获取信息并提供反馈给消息发送方。

(3)高效:允许用户通过设置或合并相似信息等方式避免过多消息侵扰,高效处理消息通知。

2. 规划消息通知

设计全面、及时、高效的消息通知系统需要对消息的关键要素进行全面盘点,逐步完成消息通知系统的设计,如图 3-18 所示。

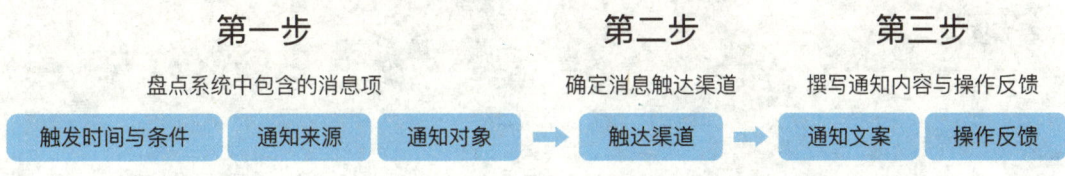

图 3-18 消息通知系统的设计步骤

(1)盘点系统中包含的消息项:包含各消息项的触发时间与条件、通知来源及通知对象。需要全面盘点消息项从而保证消息系统的完整性。

(2)确定消息触达渠道:包含各消息项的触达渠道,保证消息通知的及时性。在所有消息都能触达用户的基础上,还需保证重要信息的优先级。

(3)撰写通知内容与操作反馈:包含各消息项的通知文案与操作反馈。让消息内容能够有效地触达用户,用户能快速反馈、操作,保证消息通知的高效性。

盘点过程中需对消息通知清单进行梳理,最终完成清单内容,便于后续工作中的团队沟通。以用户购买为例,付款提示的消息通知清单见表3-1。

表 3-1 用户付款提示消息通知清单

消息名称	触发条件	通知来源	通知对象	重要性	触发渠道	消息通知内容	操作反馈
付款提示	用户点击购买	订单系统	当前用户	高	消息中心滚动信息	您有一个订单(物品名称)待付款,请您尽快处理或您有一个订单待付款	查看详情(付款详情页)

3. 设计消息通知

不同应用的消息通知方式受产品定位、应用框架等因素影响,设计差异较大,可以通过路径分割简化设计,将消息通知系统主要分为消息中心入口、消息列表、消息卡片、消息设置4个组成部分,如图3-19所示。

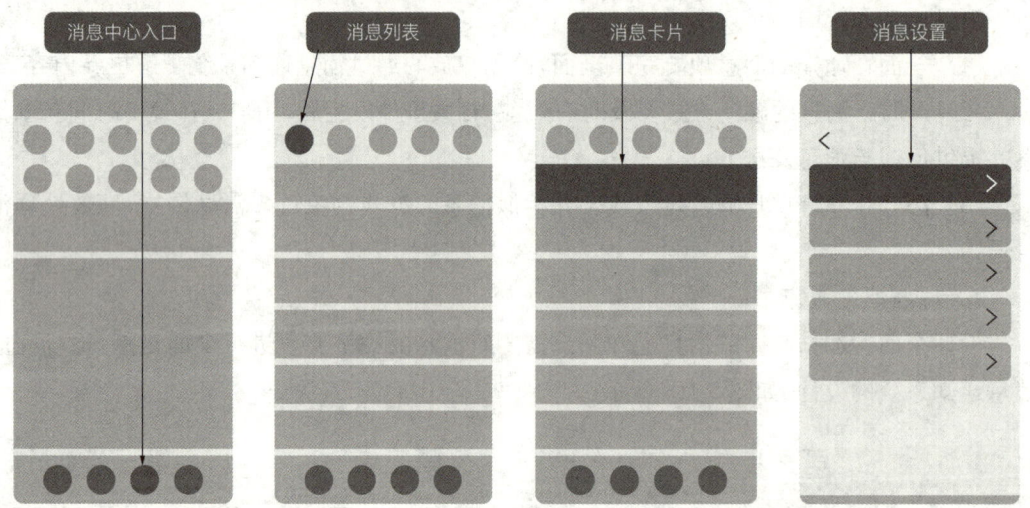

图 3-19 消息通知系统的组成部分

1) 消息中心入口

主要有底部标签、个人中心附近的图标入口(通常为顶部图标入口)、个人中心菜单项等形式。

(1) 底部标签:一般适用于产品核心功能中包含大量用户间通信,或通过强化消息促进用户上传更多内容的情况。对于重要的消息类型可提供数字标记作为未读消息数量的提示。

(2) 顶部图标入口:一般适用于产品消息数量较少,或消息对产品核心场景的影响较小的情况。一般会在首页或个人中心页的顶部设置图标入口。图标中的数字标记作为未读消息数量的提示。

(3) 个人中心菜单项：一般适用于当产品顶部空间没有图标入口的情况。

2）消息列表

点击消息中心入口后即跳转至消息列表。消息需按时间维度排列以保证其即时性。如果产品的消息类型较多，可通过分组合并或者分标签的方式提升效率，如图3-20所示；还可使用二级列表的形式对消息进一步分类展示，如微信、支付宝包含大量第三方服务，消息复杂，因此设置了二级消息列表帮助用户分类查找，如图3-21所示。

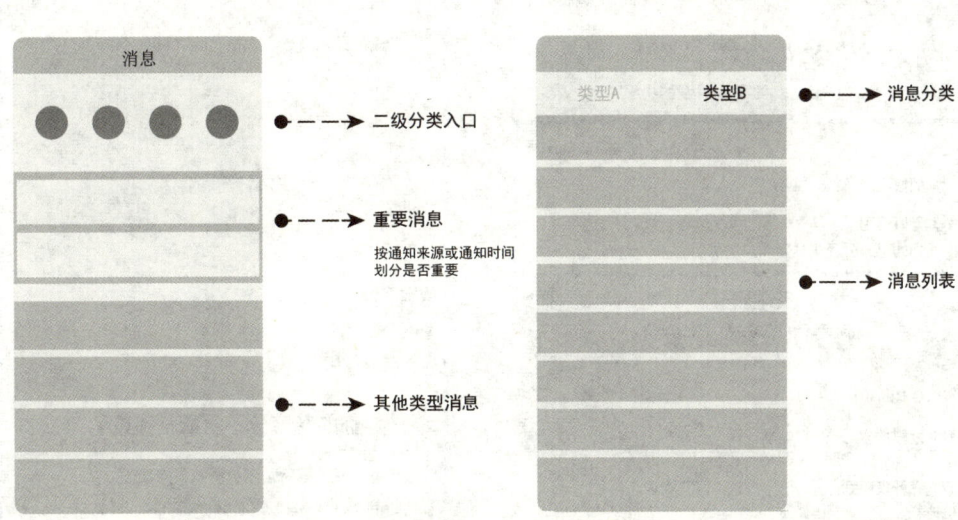

图3-20　两种消息列表形式

3）消息卡片

消息列表中的卡片一般分为小卡片和大卡片。一级消息列表常使用小卡片样式，提高用户的浏览效率。二级消息列表或当前的消息数量较少时则常使用大卡片样式，如图3-22所示。

4）消息设置

消息设置入口一般位于消息中心列表页右上角。若设置项较多，可在二级页提供设置入口。常用的消息设置项包括以下4种。

(1) 全部已读：当消息数量较多且未读状态影响标记的展示时，点击该设置项后可设置列表消息项全部已读。

(2) 发起对话：当系统包含通信功能时，一般会提供发起对话的快捷入口。点击该设置项后即可跳转至通讯录或好友列表。

(3) 通知提示方式：用户可按消息类型设置通知项的接收渠道、接收时间段以及各渠道之间的已读联动等，还可选择消息通知的精确度。

(4) 消息推送权限：应用的状态更新通知或重要提醒需要用户在系统设置中提前开启应用通知权限才能被接收，不建议用户在启动应用时以弹窗显示打开应用通知权限的提示。

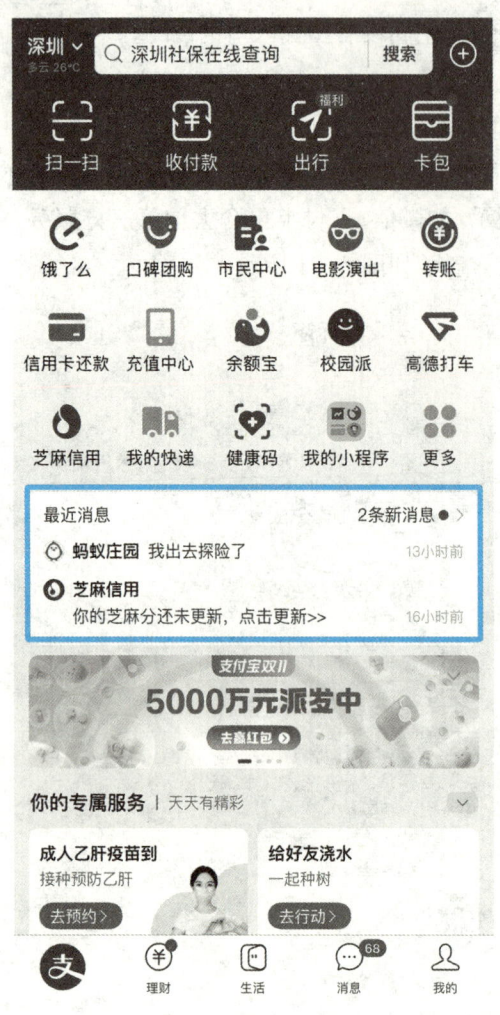
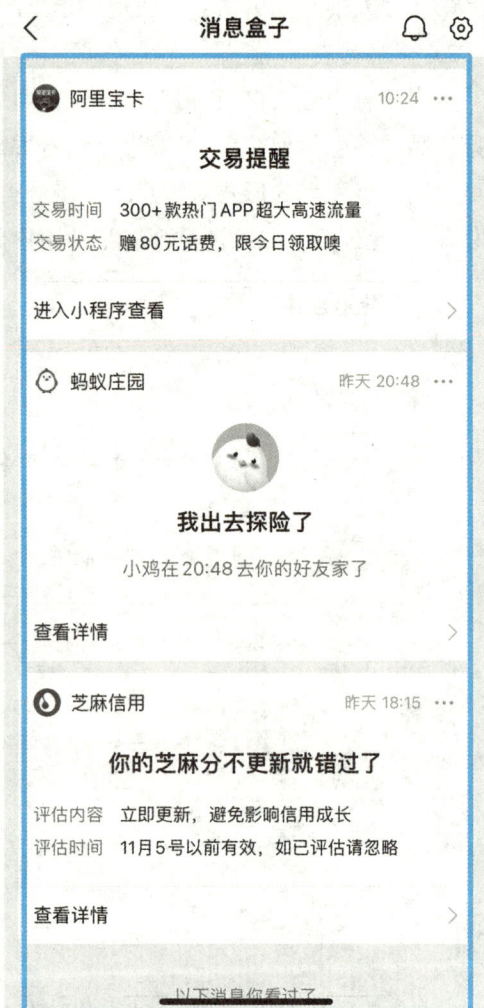

图 3-21　支付宝的二级消息列表

小卡片

每个通知项均为一个卡片

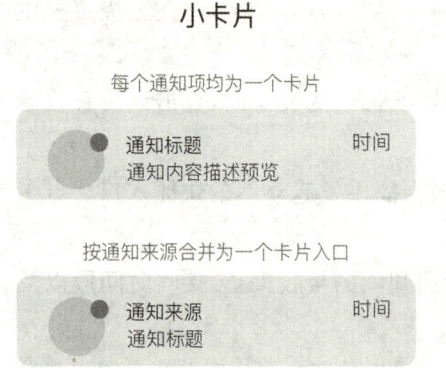

按通知来源合并为一个卡片入口

大卡片

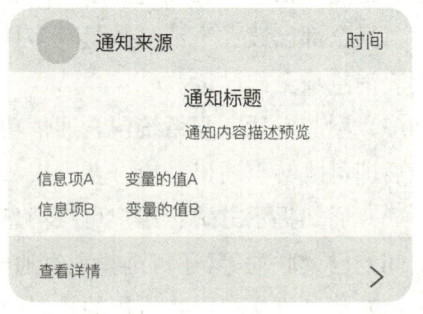

图 3-22　消息卡片

任务 3.2　梳理视觉信息的含义

3.2.1　信息的视觉对应

通常情况下,用户的视觉经验积累往往需要一个过程,如果视觉信息要素与既有抽象概念精准对应,用户必然可以理解视觉信息的含义。

视觉对应是确保用户快速、准确理解界面的有效手段,在 UI 设计中最直接的方式是拟物化设计。拟物化作为一种 GUI 设计风格,在 UI 设计中已非常普遍,这种模拟现实物品的图标设计给予用户熟悉的视觉经验,大大降低了用户使用交互程序的学习成本。经典的 iOS 6 操作系统是移动端界面拟物化设计的成功案例。其图标设计不仅模拟真实物体的质感、光影等细节,也模拟现实中的交互方式,很好地将工业设计与美学设计融合进一个个生动形象的视觉元素中,并符合大多数用户的使用习惯。所以当 iOS 7 全面转向扁平风格后仍在很大程度上保留 iOS 6 的风格,如图 3-23 所示。

图 3-23　iOS 6 界面

除了视觉形象与视觉经验对应,操作界面与现实的对应也有助于用户快速学习和使用。例如图 3-24、图 3-25 中的指南针和计算器，用户打开应用界面就知道如何操作。此外，还可使用文字与用户记忆中的抽象概念对应。在用户需要迅速做出决定的情况下，文字可以直接与概念对应，省略了图形等视觉元素的转换步骤，这种对应方式在反应速度与准确性方面具备优势。以文字图标形式为主的 App 有淘宝、今日头条、知乎、小红书、支付宝等，可在有限的手机主屏空间中快速吸引用户的注意力并使其准确点击，如图 3-26 所示。这种文字图标从品牌名称中提取一个或多个关键字变形设计，不仅凝结了品牌调性中的核心要素，能够准确传达产品信息，而且亲和力强，辨识度高。

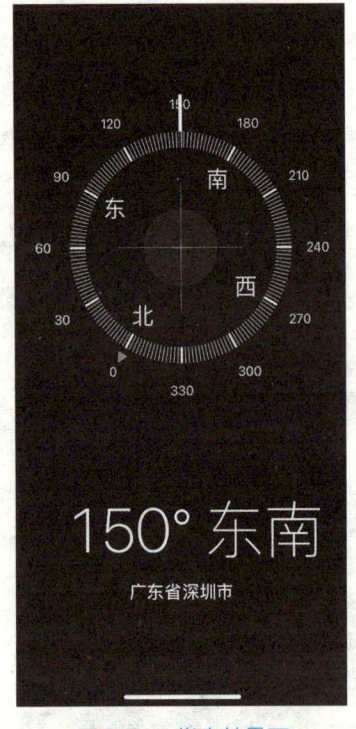

图 3-24　指南针界面

图 3-25　计算器界面

信息的视觉对应在帮助设计师提升产品的用户接受度的同时，也不可避免地局限了设计的多样性。一方面，用户群体具有多样性与变化性，年龄差异、经验差异、文化差异等因素都可能影响信息传达的实际效果。如果设计师想在设计形式与用户理解之间达到平衡，就要不断研究用户需求与使用场景，在创新实践中丰富设计表现。另一方面，视觉元素与用户经验的直接对应，尤其是直接以文字为基础的设计过于直白，虽然保证了信息的直接清晰，但也容易让用户产生厌倦情绪。

图 3-26　以文字为主的图标设计

3.2.2 信息的视觉象征

据研究表明,人类是高度依赖视觉的动物,其超过80%的信息是通过视觉获取的,尤其是进入图形、图像高度密集和泛化的信息时代,视觉的信息传达优势日益凸显。视觉对应通过模拟现实来提升信息传达的准确性,在需要传达更抽象或复杂的概念时,运用视觉象征就显得尤为重要。

信息的可视化设计作为信息技术发展的必然趋势,主要是利用对图形、图像的设计,将烦琐枯燥的信息文本、信息数据进行可视化的形象表达。而象征是通过某一特定的具体形象来暗示另一事物或较为普遍的含义,利用象征物与被象征物在特定经验条件下的联系,使后者得到具体直观的表现。无论是图标、表单、组件还是其他界面视觉的细节设计,简明的图形、图像也可以体现深刻的文化信息,如图3-27所示。

图3-27中虽然大量使用了拟物化的表现形式,但无论是面性图标还是线性图标,都不仅仅停留在事物本身的意义,而是引导用户指向图形背后的功能象征。象征表达在视觉化信息设计和用户间建立了联结纽带,它除了以直观的图形语言描述基础信息外,还以人的视觉经验、文化积累为基础,透过图形的表象暗示其深层属性和观念信息。如果象征对象的信息相对复杂,运用的视觉形式也要根据"意"的需求调整"形"的表现手段,例如在图标的基础上再加上文字注解,确保信息传达准确无误,如图3-28所示。

图3-27 简明形象的图标设计

在具体的设计实践中,除了要运用视觉象征提高产品的信息传达效率还要运用优秀的文化价值导向赋予产品更深刻的文化价值。党的二十大强调,"应当坚守中华文化立场,提炼展示中华文明的精神标识和文化精髓,加快构建中国话语和中国叙事体系,讲好中国故事、传播好中国声音,展现可信、可爱、可敬的中国形象"。只有植根于优秀的民族文化传统,才能在视觉化信息传播过程中更好地匹配视觉要素的"形"与"意"。

图 3-28　象征图标设计

任务 3.3　组织信息的视觉表达

3.3.1　视觉化信息设计原则

　　与 Web 端一样，移动端 UI 设计同样通过界面向用户传达数据、信息和知识，信息的视觉表达所使用的元素未必要和所表达的信息在语义上完全一致，但是必须达到能向用户清晰传达正确信息的标准。因此，基于用户接受心理的视觉心理是设计师进行信息设计的基础与依据。本书主要介绍格式塔原理。

　　"格式塔"是德文"Gestalt"一词的音译，意为"完形""完整"。格式塔原理诞生于 20 世纪初。该理论的基本观点是人类接收视觉信息的过程是不断组织、简化、统一的，这一过程产生了简洁、协调的整体，即在人脑作用下，人类会首先注意到一个有规律的整体，再看到细致的各个模块。视觉系统也是整体的，它会自动对输入的视觉信息构建结构，并在神经系统层面感知形状、图形和物体，而不是只看到独立的边、线和区域。该原理在日常生活中有许多体现。例如面对复杂的街景，人们会下意识地将同色系的招牌归为一类，将各种复杂的轮廓形状归为方形、圆形、三角形等等基础形状。UI 设计师可以通过格式塔原理研究单个视觉元素与整体环境的关系来指导视觉化信息设计，将图形、文字、色彩等视觉元素合理安排，最大程度符合用户的视觉心理与认知规律。在视觉化信息设计中，格式塔原理的应用需遵循以下 7 项原则。

1. 接近性原则

接近性原则指物体之间的相对距离会影响人们对物体组织方式的感知，距离较近的物体更容易看作同一组，而距离较远的物体则更容易看作不同组。在信息设计的实际应用可中将同类信息元素贴近放置，降低阅读成本，提高用户获取效率，便于用户归类信息；不相干的信息尽量远距离放置，以免引起不必要的误解。如果单靠距离远近不足以将信息元素清晰地归类，还可以用分割线等区分方式分隔不同的设计模式，例如利用导航栏、内容区和操作栏划分区域。保证界面层次有序、视觉清晰、减少视觉噪声，如图 3-29 所示。

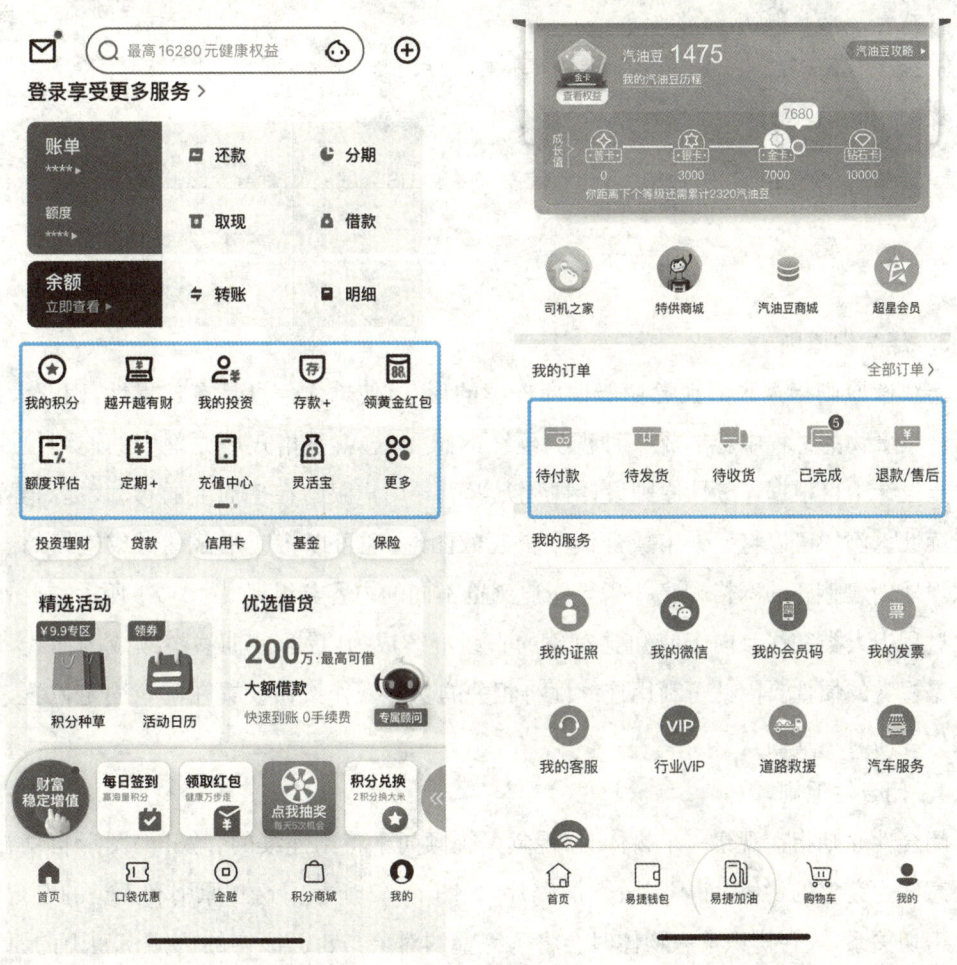

图 3-29　接近性原则实例

2. 相似性原则

相似性原则指具有共同视觉元素的物体在用户的认知中更有关联性，例如相同或相似的形状、颜色、大小、运动状态等，如图3-30所示。在实际操作中，该原则的使用方法包括以下3种。

（1）界面中相同功能的组件保持样式统一。拥有相同功能、含义、层次结构的组件保持样式上的统一可以使用户快速理解组件的操作方式，降低用户学习成本。

（2）App内部风格保持统一。整体风格保持一致能让用户清晰地感知自己处在同一个App中，这不仅仅是用户体验的要求，也是视觉设计上的需求。

（3）特异点更易成为视觉焦点。在相似的元素中，如果出现一个截然不同的元素，那么用户立刻就会被其吸引。这也是相似性原理的逆向应用。

图3-30 相似性原则实例

3. 连续性原则

连续性原则指人眼的视觉功能偏向连续的形式，使输入信息具有连贯性，因此人类在肉眼观察事物的过程中会形成一种视觉延续的感受，这就是格式塔原理中的连续性原则。在视觉设计中可根据连续性原则设计视觉元素引导用户眼睛在平面上的移动，提高界面的可阅读性。例如可以将元素组成连续或重复的图形，还可以将应用截图做成连续的图片，有意识地创建整齐的网格顺序并指导用户浏览不同的内容分组，如图3-31所示。此外，在知觉过程中人类往往倾向于使知觉对象的直线继续成为直线，使曲线继续成为曲线，这种行为是视觉的惯性。因此可利用连续性将相关的功能操作按钮设置在同一固定位置，让用户操作界面时更加高效。

4. 闭合性原则

闭合性原则指在观察一个物体时，视觉系统倾向于将不连续的、敞开的图形自动补充，从而感知为完整的物体，而不是分散的碎片，如图3-32所示。这一原则和人类的心智模型也有密切关系，人在辨识某一物体时会将不完整的对象与自己原有的认知模型中的原型相匹配，从而达成认知。但需注意把握局部不完整元素的尺度，元素太零散、太碎片可能会导致用户认知混乱。对图形作减法处理，不仅可以节省界面的空间，还可以让用户产生联想，

项目 3　视觉化信息设计

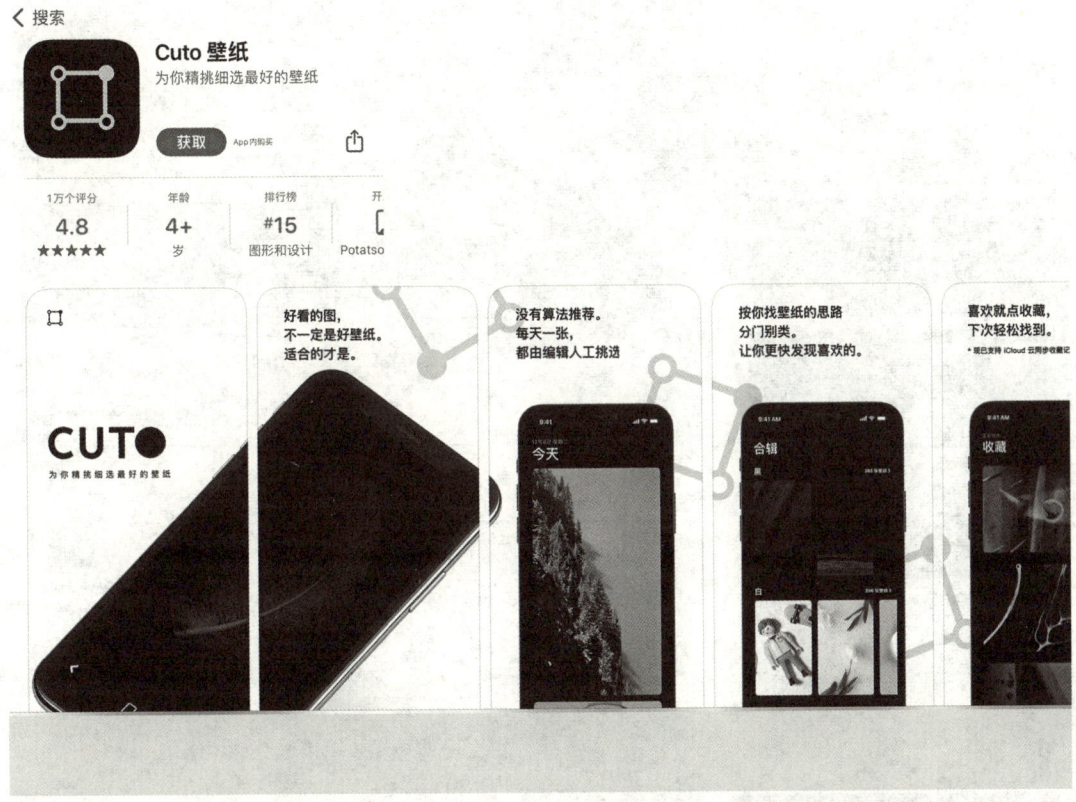

图 3-31　连续性原则实例

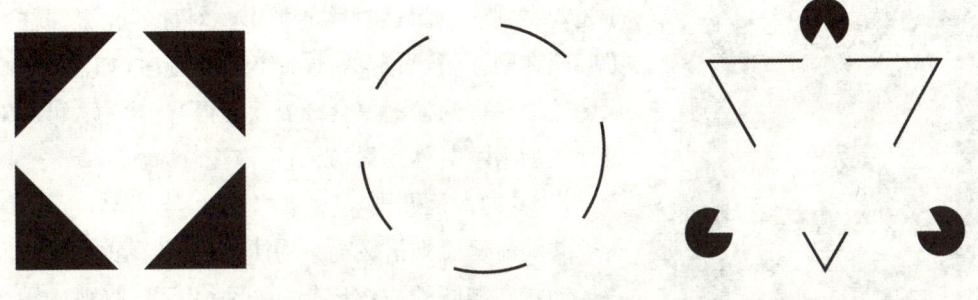

图 3-32　闭合性图形实验

获得有趣味性的使用体验，如图 3-33 所示。

5. 主体与背景原则

主体与背景原则指当图形重叠时，人的视觉更加倾向于将小图形视为主体，大图形视为背景。根据该原则，在设计时可通过调整视觉元素的大小关系，以需求为基础，传递不同层次的信息。例如当重要信息弹窗提示时，原本作为用户注意力焦点的内容临时成为了的背景，而弹窗则会短暂成为新的主体，如图 3-34 所示。

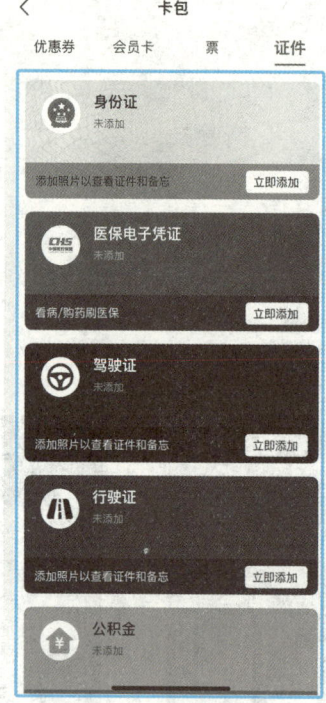

图 3-33　闭合性原则实例

图 3-34　主体与背景原则实例

6. 简化对称原则

简化对称原则指在观察事物过程中，视觉系统更倾向于先观察到简单而且对称的图形。对称的元素往往被认为归属在同一组，看起来更加牢固和有序，如图 3-35 所示。然而对称的构图也会令界面显得有些沉闷，可在对称设计中加入不对称元素，吸引用户注意力。

7. 共同命运原则

共同命运原则指在观察物体过程中，视觉系统倾向于将运动状态相同的物体感知为同一组。该原则适用于交互动效设计，在执行某些操作时，使部分元素保持相同的运动状态，例如当在苹果手机界面中长按删除应用软件的交互动作时，所有的应用软件都有一致的抖动倾向，并告知用户界面处于可编辑状态，如图 3-36 所示。共同命运原则在可扩展菜单、折叠条目、小提示、滑块、滚动条和手势操作提示等功能中也有所体现。

图 3-35 简化对称原则实例　　　　图 3-36 共同命运原则实例

3.3.2 细化视觉化信息结构

在用户需求阶段确定产品的组织系统后,就需要确定产品 UI 设计的视觉信息结构,包括信息密度、信息层级、信息分组 3 个层面。

1. 信息密度

当产品信息量很大,不能对内容轻易删减时,单页的视觉元素大量堆积,会造成用户信息过载。以 i 深职 App 为例,为了更好地服务全校师生,App 中需添加越来越多的信息和功能,除了课表查询、教务考勤、深职通码、学生邮箱等主要功能外,还需增加生活场景的服务功能,如校园卡账户相关查询、学杂费缴费查询、学生体测查询等。而且,针对教职员工与在校学生,i 深职还分为教工版和学生版,数量繁杂的功能入口和海量的数据信息都使得界面信息量不断增多。因此在设计时,需考虑如何排列信息,降低用户的认知负荷。

一般来说,用户在使用 App 的过程中,单一界面中信息的密集程度对任务执行的难度有重要的影响。界面信息数量越大,单位视觉范围内信息密度越高,密度变化频率越高,用户的认知负荷越高,搜索目标信息或特定功能入口的难度越大,搜索效率越低。而适量的信息数量可以让用户更迅速地捕捉核心信息。减少视觉信息数量的方法有删除不必要的冗余信息,将信息转移至下一级子页面和采取弹窗形式等。

2. 信息层级

确定信息的数量后,需要思考如何在信息架构的基础上梳理信息层级并通过设计确保重要信息的优先级。以 i 深职为例,从产品策略的角度整理信息,其信息层级顺序为基础功能(搜索、导航、设置、注销)、基础信息(学校信息、用户信息)、主要功能(课表查询、教务考勤、深职通码、返校码)、主要信息(i 深职资讯)、重要功能(图书借阅、教学测评、课程选修)、重要信息(校园卡消费信息、学杂费缴费查询)、辅助功能和辅助信息。但是,从用户角度出发,无论是教职工还是在校学生都更愿意接受根据个人使用习惯和任务需求设定的信息层级关系。例如常规状态下,课表查询是必备功能项,其优先级远高于其他功能。因此,在设计信息时应以用户使用为导向,一级信息用于吸引用户,二级信息帮助理解,三级信息细化理解。

人对信息的采集模式是根据眼球的移动,按照一定顺序获取信息,而不能一次性统览页面所有信息,只有视觉焦点处的信息才能被看到。设计师须根据此模式帮助用户高效自然地获取并理解信息。强烈的视觉层次感可以通过利用界面上的视觉元素提供清晰的浏览顺序实现,即通过适当的视觉元素对比制造视觉信息层级。如图 3-37 所示的案例就能一眼区分重点信息、次级信息以及不同的信息模块之间的区别。当然,强调信息层级并不是指一味突出视觉元素,还要根据信息的重要程度和必要程度来适度安排。利用四象限法则安排层级能解决页面内容定位的问题,即页面提供什么信息、不提供什么信息,如图 3-38 所示。

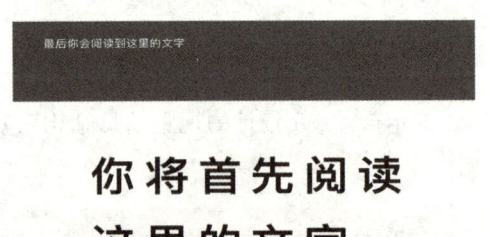

图 3-37 视觉信息层级

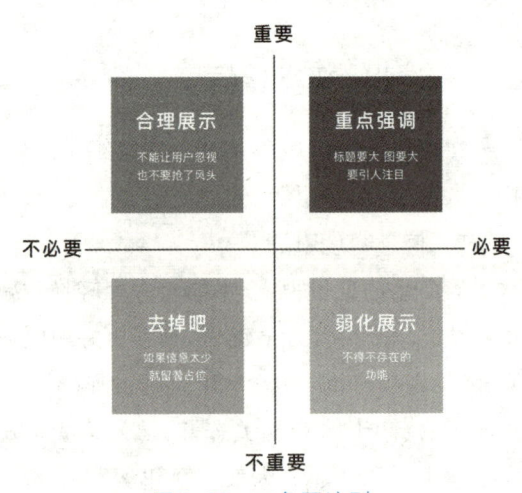

图 3-38 四象限法则

3. 信息分组

确定页面的信息层级后需要把多个视觉元素以模块化的形式组合,进行有逻辑性和有意义的分组。基于格式塔原理中的接近性原则,尽管每个模块中的元素在感知上有强弱之分,但是只要将每个信息组之间的元素的距离靠近,并与其他信息组之间的距离拉远,留下足够的留白空间，就可以清晰地将整个页面的层次拉开。留白和元素之间构成的疏密对比，还可以搭配分割线、阴影的运用来创建层级，使信息模块区分得更明显，用户的注意力更集中，如图3-39所示。

图3-39　信息分布间距

总之，无论用什么方式进行信息分组都需要保持界面分组的干净清爽，让这些元素发挥层级区分的作用，而不是变成视觉干扰。

项目实训

1. 明确产品信息架构，设计标签、导航及搜索系统的含义。
2. 细化不同信息层级的消息通知形式与设计表现。

界面交互设计

▶ **课 时**

8学时

▶ **项目描述**

本项目引导学生从传统的器物设计转换到行为设计也就是交互设计,将更多地关注用户体验,而不是简单的产品物理属性。学生应熟练掌握尼尔森十大可用性原则,并在设计细节中实践该原则;通过绘制线框图掌握交互原则逻辑在产品中的运用,并能够完成交互设计文档的撰写与设计走查。在项目的实践环节中,将理论的交互原则融入具体的设计行为,最大限度还原用户使用场景,并通过线框图检验交互逻辑的合理性与可用性。

▶ **学习目标**

知识目标	1. 了解交互设计的核心概念
	2. 清楚交互设计原则的一般内容
	3. 清楚主要的导航系统形式与用法
	4. 了解交互设计文档的撰写内容
能力目标	1. 熟练绘制产品交互线框图
	2. 能够撰写完整的交互设计文档
	3. 掌握设计走查的一般方法与要点
素质目标	1. 培养细心观察、反复验证的交互逻辑思维
	2. 强化以人为本的设计意识

任务 4.1　掌握交互设计的原则

4.1.1　尼尔森可用性原则

互联网产品设计参考最多的尼尔森可用性原则由毕业于哥本哈根丹麦技术大学的人机交互博士尼尔森（Jakob Nielsen）提出，包括以下 10 项。

1）状态可见原则

无论是系统还是应用程序，都应该让用户知道它发送了什么，了解用户自己所处的状态，便于作出适当的反馈。此外，用户在产品上的任何操作，无论是单击、划动还是输入，页面都应即时给出反馈。这里的"即时"范围是指页面响应的时间不能超出用户能忍受的等待时间，在系统启动或加载页面反应较慢的情况下，应该用进度条或下载动效等形式告知用户当下的情况，不能让用户茫然无措地等待。

2）环境贴切原则

产品的一切表达方式和表述应该尽可能贴近用户所处的环境，例如年龄、文化、时代背景等，文字叙述时还应该使用易懂或约定俗成的表达。即使近年来已经很大程度上减少了界面视觉元素对实物的细节表现，但隐喻和拟物化设计仍然是 UI 设计的重要风格，这些风格都建立在用户的生活经验和习惯基础上。

3）用户可用原则

用户在使用产品的过程中常会发生误操作，这需要一个非常明确的"紧急出口"来帮助用户从当时的情景中恢复过来，因此产品需要支持撤销和重做功能。典型的应用就是微信聊天场景中的撤回功能，如果用户发现某条信息发得不合适，可以长按这条信息，在弹出的提示框中选择"撤回"，然后重新编辑信息发送。

4）一致性原则

对于用户的预期来说，同样的文字、状态、按钮都应该触发相同的事情，这就是一致性原则。同一产品内信息架构导航、功能名称内容、信息的视觉呈现、操作行为交互方式等都应保持一致，产品与通用的行业标准也要一致，这样才能最大限度减少用户的学习成本和思考负担。例如用户更换新手机时非常关注旧手机的信息如何方便地迁移到新设备上，包括通讯录、邮件、信息历史记录、日历、相机照片等。

5）防错原则

用户的选择动作发生之前应通过系统的设计、重组或其他特别的安排防止用户做出错误选择。如图 4-1、图 4-2 所示，登录过程中手机号没有输入完整，此时获取动态码的按钮就不应该设置为可点击状态的蓝色，应该置灰处理。此外，某些内容不能选择也应该置灰或者隐藏,不要等用户点击完成后才告知其不能使用。

图 4-1　i深职用户登录页面　　　　图 4-2　登录页面信息填写提示

6）易取原则

易取原则是指通过把组件、按钮及选项可见化来降低用户的记忆负荷。例如 iOS 系统中的"精选"提示功能,将摄影、Siri、无线蓝牙耳机的使用操作技巧集合在一起,用户需要查看的时候只需要在主屏右滑就可以找到。

7）灵活高效原则

灵活高效原则指通过一定的设计满足不同经验水平的用户需求,允许用户定制常用功能。例如绝大多数产品都有初次使用引导功能,对于新手用户来说需要通过该功能了解和设置产品,但对于熟练用户来说可能不需要使用该功能,因此在新手引导中提供跳过功能就是灵活高效原则的体现。

8）审美和简约设计原则

界面设计需要简洁明了,不应包含无关紧要的信息,以免分散用户的注意力。互联网用户浏览页面的动作是按图 4-3 中 1、2、3 的顺序扫视的"F"型视线流程。这就意味着任何不相关的信息都会让原本有价值的信息更难被用户察觉，因此要弱化和剔除无关信息，提高用户的视觉体验。

9) 容错原则

错误的信息应该用用户易于理解的方式表达，能够准确地反映问题所在，并提出建设性意见，而非给出所谓专业术语这种生硬的反馈。另外还要尽量帮助用户从错误中恢复，将损失降至最低，例如重要信息的自动保存功能。

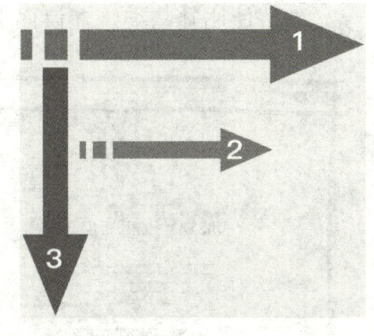

图 4-3 "F"型视线流程

10) 人性化帮助原则

理想的交互系统应该是不需要提示，用户也知道如何操作，但在实际中，当用户需要帮助时，还是有必要提供帮助入口的。

上述十大原则与业内广泛认可的基本原则往往是通用的，设计师或产品经理在决策时应该本能地考虑到这些原则。然而，越是通用的原则或标准离细节就越远，因此需要结合界面的具体部分，如信息架构、导航、交互、视觉等环节去实践。

4.1.2 在设计细节中实践原则

无论是传统的 GUI 环境、Web 端、移动端、可穿戴设备还是联网的智能设备，高效的界面大多在视觉上色彩分明而且可变性较高，用户能够迅速看到并掌握每一个选项的功能，实现目标。用户不需要熟知系统内部的工作原理，只需下简单的指令，每个步骤就会被认真清楚地保留下来，并支持随时撤销，同时开启并执行多项应用等功能。因此，这里再列举一些设计中的实用技巧，初学者要做到在解决用户需求的同时尽可能减少用户的操作。

（1）尽量使用单列而不是多列布局（图 4-4）。

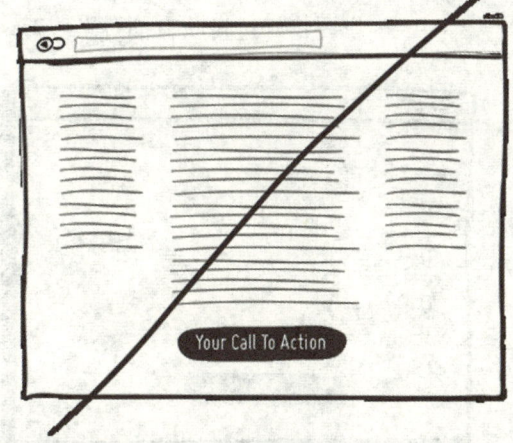

图 4-4 单列布局

(2)使用礼物委婉建议而非催促(图4-5)。

 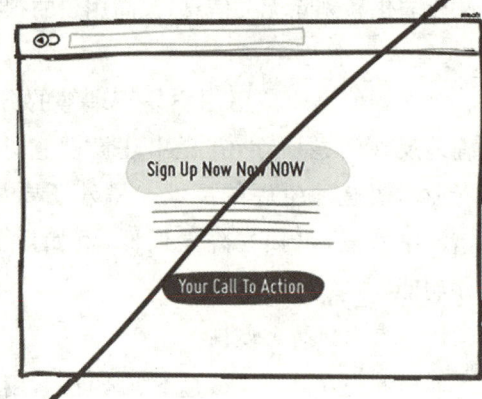

图4-5 委婉建议

(3)合并重复信息保持界面整洁(图4-6)。

 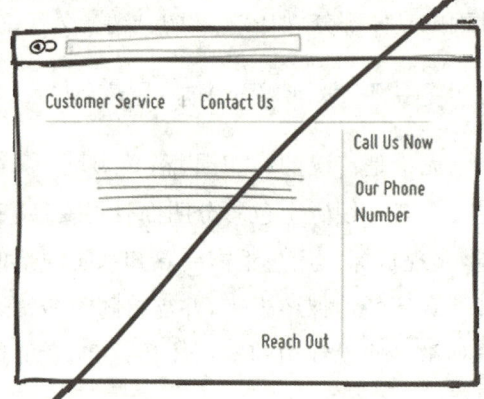

图4-6 界面整洁

(4)客户评价好过自吹自擂(图4-7)。

 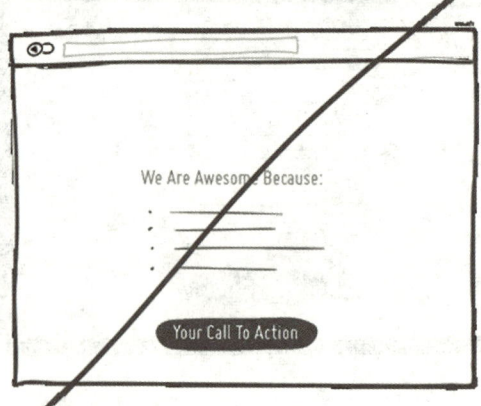

图4-7 客户评价

(5) 采用必要重复展示以加深印象(图 4-8)。

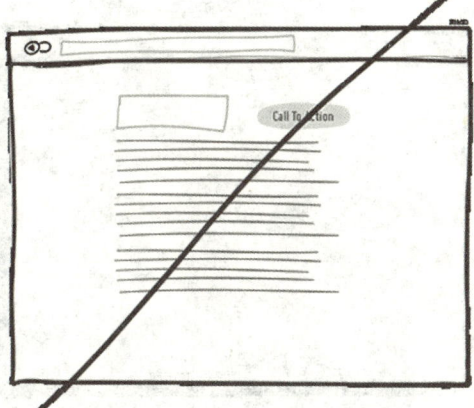

图 4-8　重复展示

(6) 清晰区分层级与模块(图 4-9)。

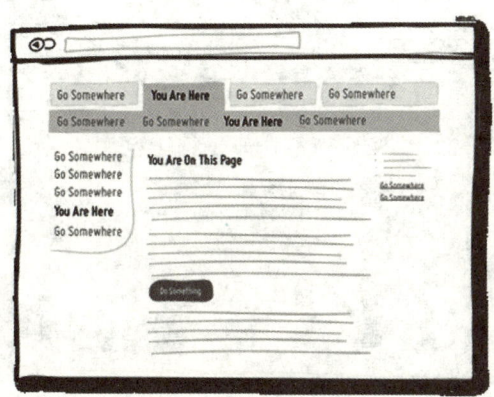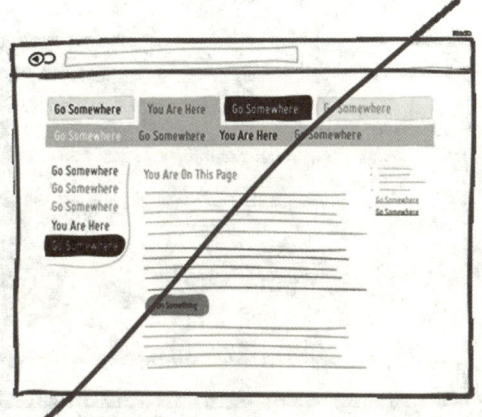

图 4-9　区分层次与模块

(7) 给出推荐而不是让用户选择(图 4-10)。

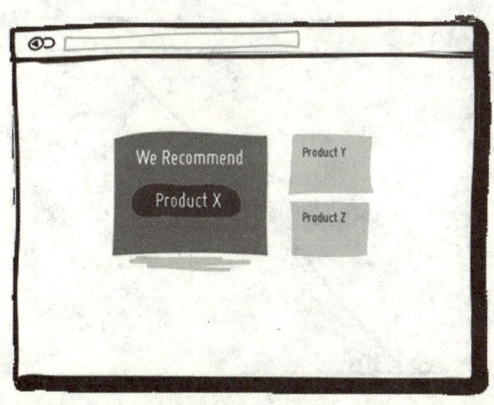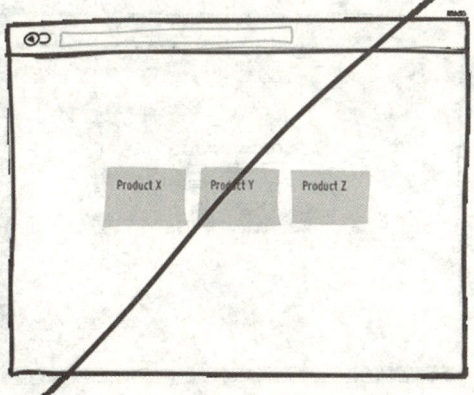

图 4-10　直接推荐

（8）给出撤销操作而不是反复确定（图4-11）。

图4-11 撤销操作

（9）明确指出产品适用人群（图4-12）。

图4-12 指出适用人群

（10）直接果断地提出诉求（图4-13）。

 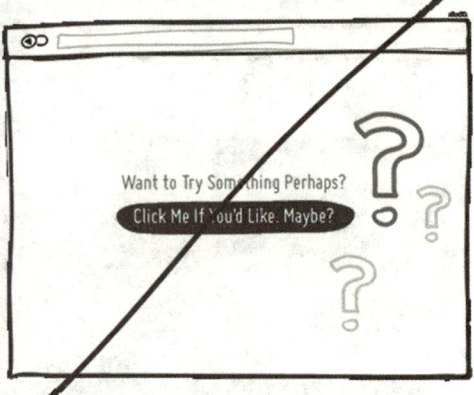

图4-13 直接果断的诉求

鉴于教材篇幅限制，此处只引用了十条，更多的实践技巧可参考加拿大多伦多的专业测试网站 GOOD UI（英文 https://goodui.org，中文 https://www.cnblogs.com/Wayou/p/goodui.html）。

任务4.2 推导交互设计的内容

4.2.1 绘制交互产品线框图

本书在项目2用户需求研究部分已经进行了从需求调研到概念设计的训练，放到整个交互设计流程中来看，已经完成了相当部分的前期准备工作。接下来将之前抽象的信息内容转化为整个开发团队可视化的草模制作——线框图绘制环节。不同的产品团队会有不一样的输出结果，有些团队习惯一次性输出界面逻辑图；有些团队会选择先验证功能逻辑图，然后再绘制线框图，最后输出界面逻辑图；有些团队愿意先完成线框图，然后直接输出低保真交互原型。各种输出方式和流程的目的都是确保产品的交互逻辑无误。基于 UI 设计师与交互设计师的岗位职责差异，设置本书任务为输出产品线框图。产品线框图是低保真原型的布局图，与逻辑图结合后可直接指导制作产品的低保真线框原型。特别需要注意，对 UI 设计师来说，读懂产品线框图与逻辑图非常重要。将信息架构设计落实到线框图，是战略层之后的设计落地的第一步，这也是用户可以感知的输出内容。

产品线框图，也叫产品界面布局图，是产品较清晰的骨架，引导界面的布局及概念，能够帮助设计团队讨论具体产品的界面层次和导向。一般的线框图使用线条、方框和灰阶色彩填充。这些线框图为灰阶的低保真布局图，主要呈现信息层次以及流向，是用户交互界面元素的粗颗粒描述。如图4-14所示，线框图将整合功能结构图、信息结构图和功能优先级信息，建立产品设计逻辑。线框图的绘制，工具包括 Sketch、Adobe XD、Axure，甚至 PPT 等，也可以直接手绘（图4-15），只要将页面跳转逻辑、交互逻辑、页面布局、页面状态等问题表述清楚即可。

以手绘线框图为例，在手绘线框图前，建议广泛阅览与目标产品具有相同分类或标签的线框图设计，切忌只关注少数产品的设计。在构思产品布局的初始阶段，建议先画草图，绘制草图的过程为进一步提取设计要素和整理设计构想提供帮助。需要注意的是，绘制的草图只要能表达设计师的构想即可，并不需要非常精细清晰。如图4-16所示的手绘纸质模型线框图利用简单手绘草图不仅加入了工作流程和相关说明，还体现了产品的基本功能及内容布局，能快速表达设计者的创意和想法。

手绘框线图虽然相对简单，但必须做到完整展示 App 产品的主要内容和功能、整体的布局、信息的位置及顺序。手绘时可以用不同的字体、字号、颜色展示信息的层次和重要程度。

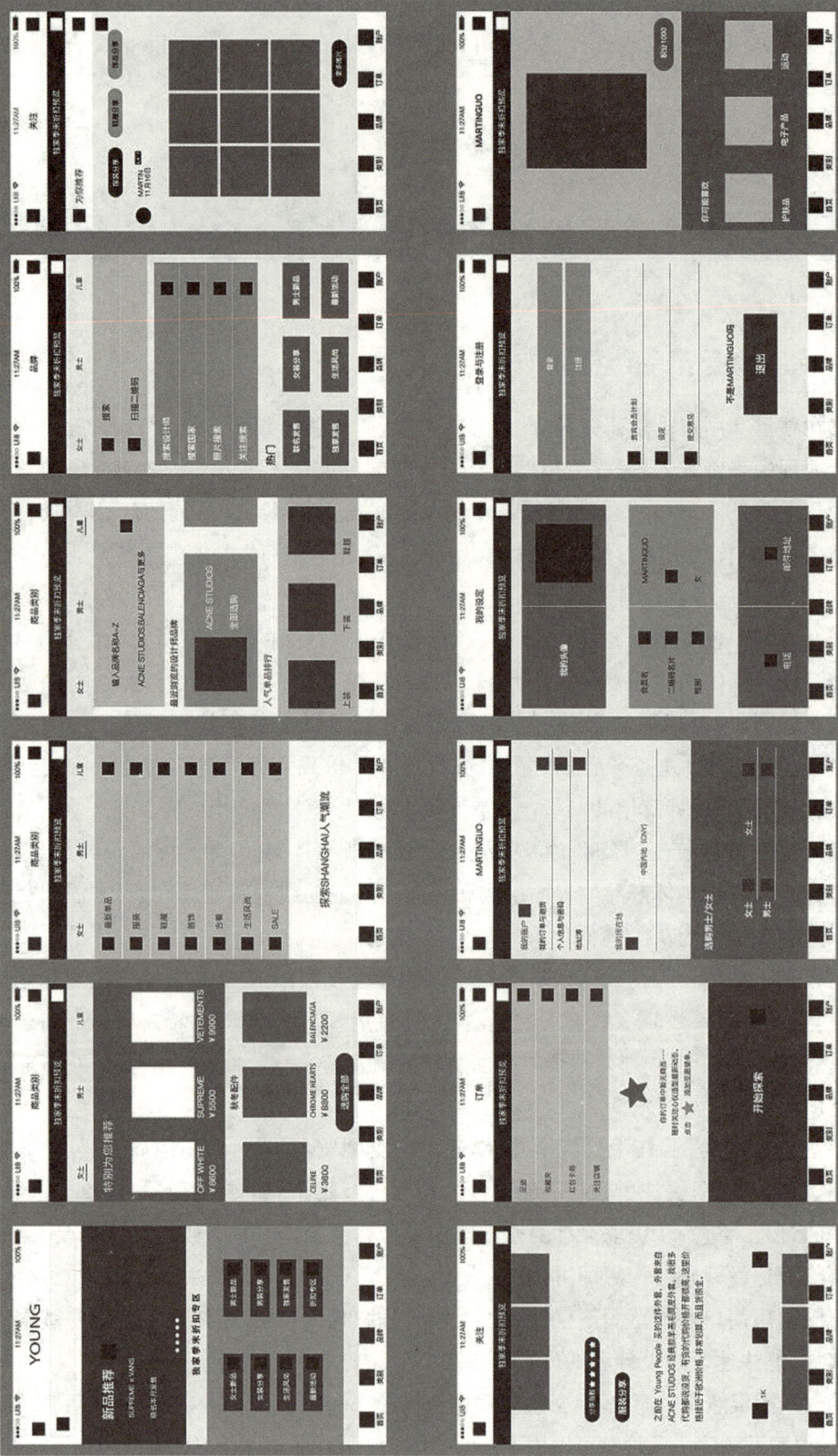

图 4-14 产品线框图

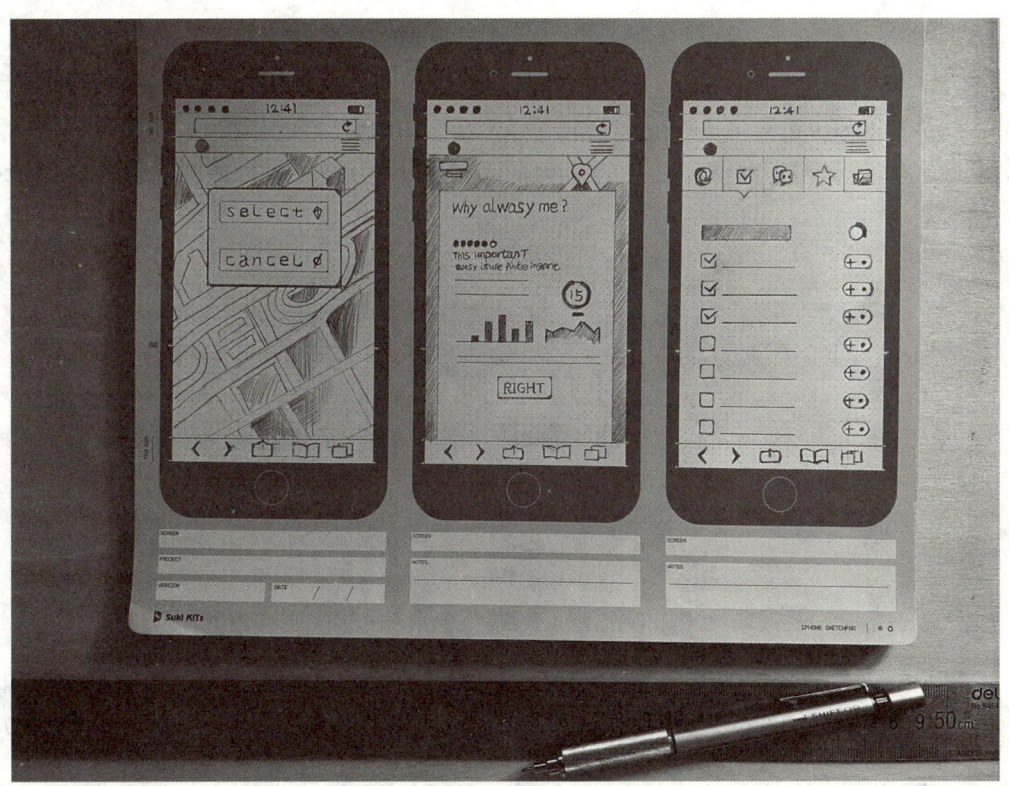

图 4-15　手绘线框图

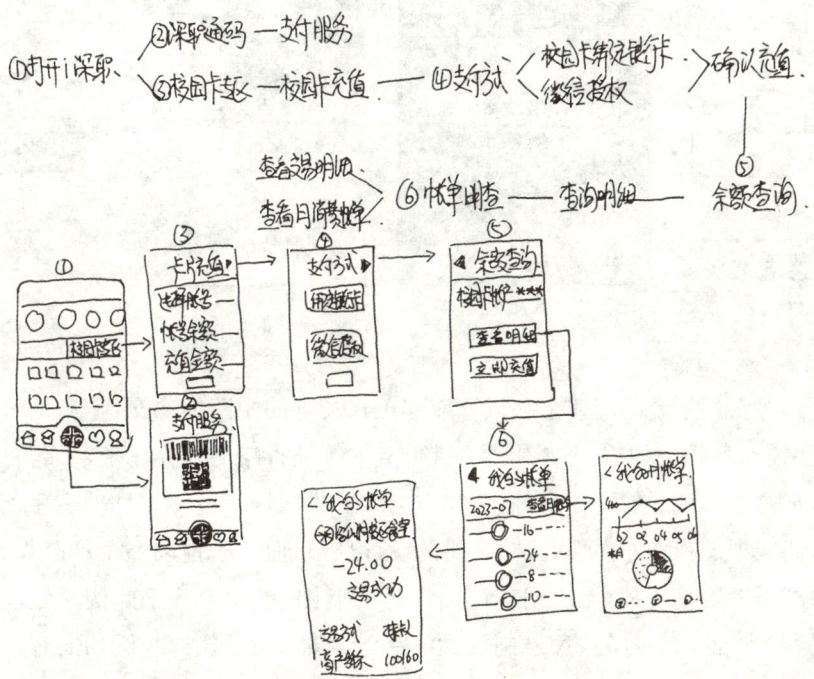

图 4-16　手绘流程与说明

线框图是一种低保真的静态图形,仅仅勾勒出布局轮廓,缺少细节。可以把线框图理解为设计图的骨干与核心。当需要提高线框图的保真度以强调用户界面的某些方面的重要性,以及展示和快速测试各种视觉元素之间相互作用的合理性时,使用交互式线框图,也称为可点击式线框图。POP 是一款轻量化的手机应用小程序,非常适合低保真的原型验证,如图 4-17 所示。

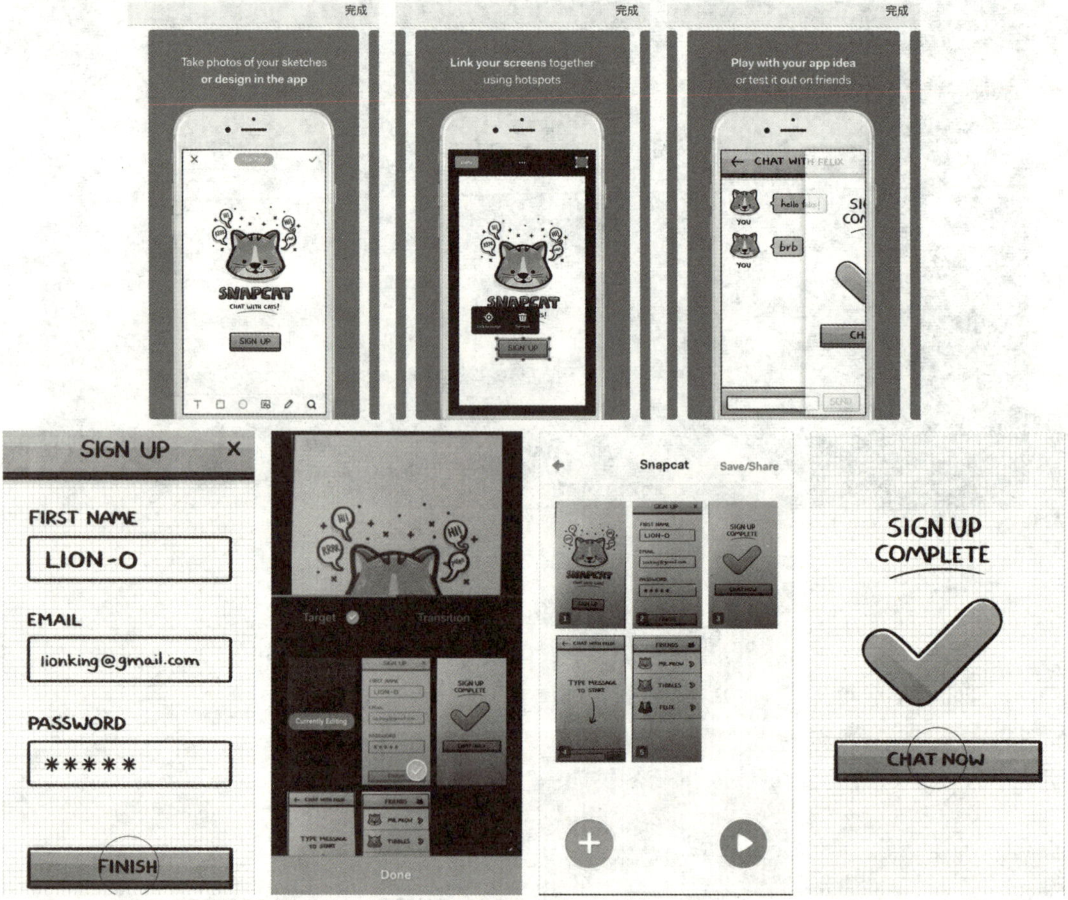

图 4-17　POP 验证原型

线框图主要用于产品前期头脑风暴或非正式场合的团队内部交流等,用来激发思考和讨论、收集需求反馈。线框图中图片、视频、文本等被省略的地方一般会用占位符来表明,比如图片通常被带斜线的线框来替代,文本会按照排版用一些标识性的文字所替代。如果开发团队将线框图视作一次性的、非必要的设计环节,而急于推动整个产品设计的进程,可能会导致线框图潦草凌乱,无法用作产品设计的蓝图,更无法基于此构建健全有效的原型和可用易用的产品。另外,随意绘制放大了手绘线框图的局限性,例如向客户或某个参与合作的非技术背景的主管展示时,他们可能并不能很快地明白线框图与最终产品间的内在联系和运作方式。

4.2.2 交互产品线框工具

若要创建更加复杂和保真的线框图就需要用到专门的原型设计工具,如 Sketch、Axure RP 、Adobe XD、Figma、Flinto、墨刀、Mockplus 等。这些软件虽各有侧重,如 Axure RP 是面向原型的,重功能和交互;Sketch 和 Adobe XD 面向 UI 设计,重视觉;Figma、墨刀和 Mockplus 更突出在线通信和协作设计功能,但在实现产品逻辑框架上都可以帮助设计师简化设计过程且功能相通,可以根据个人需要选择。

Axure RP 是专业的快速原型设计工具,便于负责定义需求、规格、设计功能和界面的设计师快速创建移动端应用或 Web 网站的线框图、流程图、原型和规格说明文档。Axure RP 同时支持多人协作设计和版本控制管理。Axure RP 的可视化工作环境可以让用户直接以鼠标的方式创建带有注释的线框图,无须进行编程就可以在线框图上定义简单连接和高级交互。在线框图的基础上,还可以自动生成 HTML(标准通用标记语言下的一个应用)原型和 Word 格式的规格说明文档。跟一些在线轻量化的工具不同,Axure RP 能够更加全面地培养学习者在基础阶段的逻辑性、规范性,减少开发环节的沟通障碍。本书将在后续的操作练习部分结合 Axure RP 进行讲解,其操作界面如图 4-18 所示。

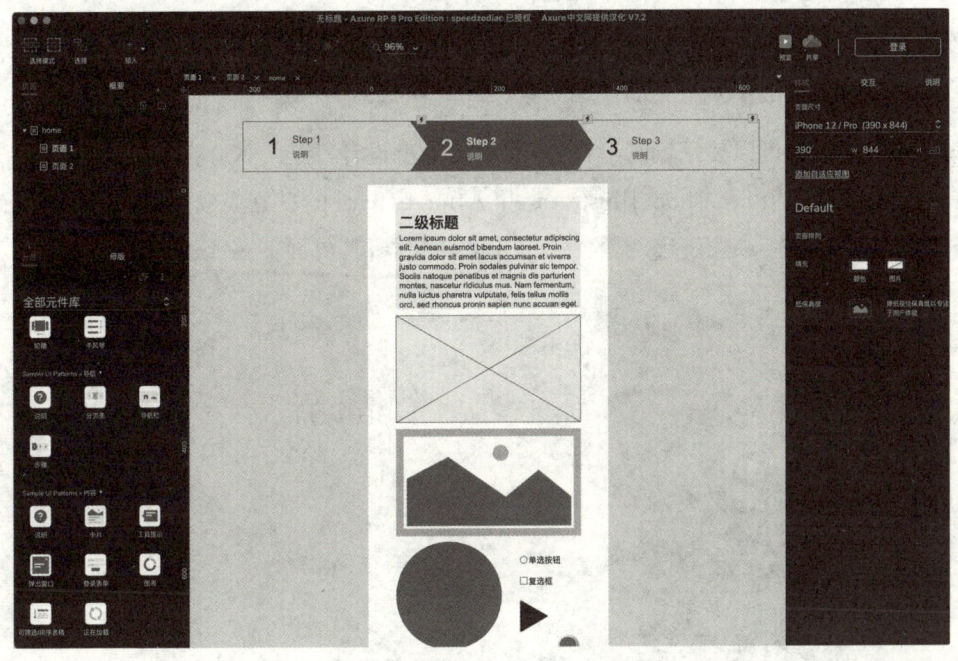

图 4-18　Axure RP 界面

与 Axure 同时支持 Mac 和 Windows 不同,Sketch 只有 Mac 版。Sketch 是一款适用于所有设计师的矢量绘图应用。矢量绘图也是目前设计网页、图标以及界面的最好方式。除了矢量编辑的功能之外,Sketch 同样添加了基本的位图工具,例如模糊和色彩校正。Sketch 容易理解且上手简单。对于绝大多数的数字产品设计,Sketch 都能替代 Photoshop、Illustrator 和 Fireworks。在 UI 设计行业内，Sketch 被视为简化版的 Photoshop，矢量版的 Axure RP。Sketch 作为一个为 UI 设计而生的工具，非常适合做移动端应用类的界面设计和简单的扁平图标设计，其界面如图 4-19 所示。

图 4-19　Sketch 界面

近年来，数字产品 UI 设计工具出现了很多新产品，例如 XD。XD 在 MacOS 和 Windows 系统中都可以使用，而且有许多高效的原型设计功能。XD 在功能上与 Sketch 非常接近，不仅能实现 Photoshop、Illustrator 和 After Effects 的良好集成，各种套件、模板和插件资源也在快速增长，是不容忽视的一款 UI 设计利器，其界面如图 4-20 所示。

图 4-20　XD 界面

任务 4.3 撰写交互设计文档

4.3.1 交互设计文档内容

一般来讲，一份基础、规范的交互设计文档应该包含文档封面、更新日志、设计说明文档、业务流程图、交互原型、垃圾桶模块。这些模块中有些是必须的，有些是选择性添加的。交互设计文档的构成如图 4-21 所示。

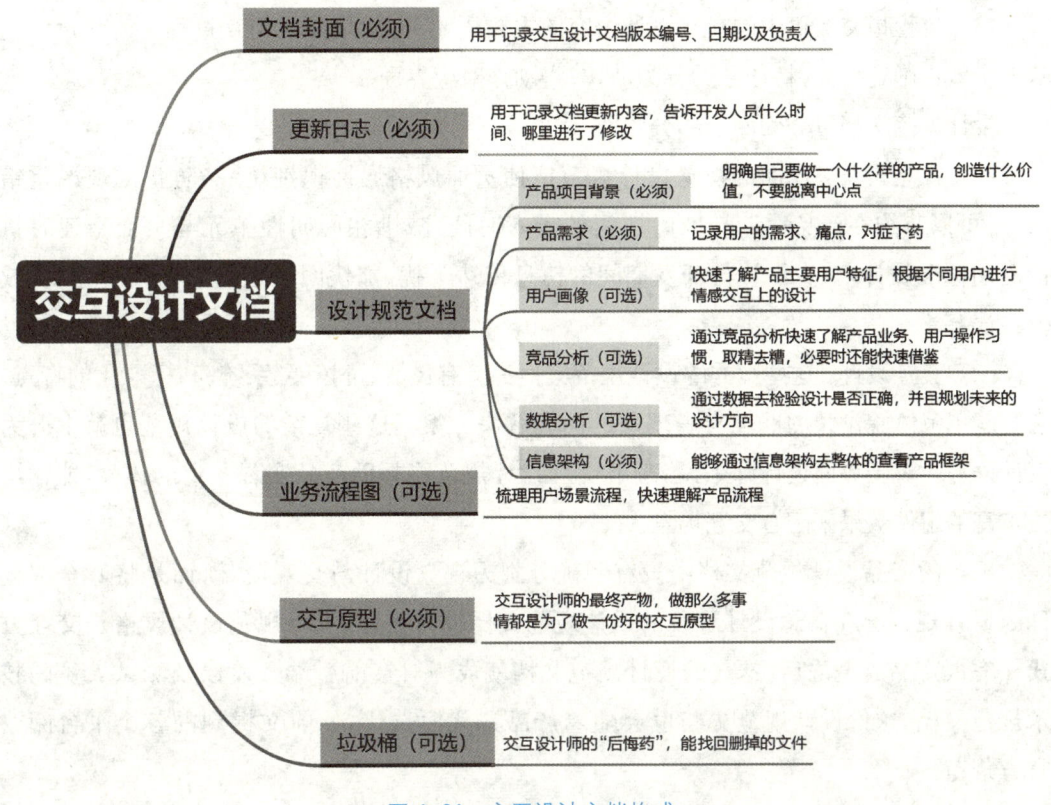

图 4-21 交互设计文档构成

在撰写交互设计文档时，良好的设计规范非常重要，它保障了产品设计与开发团队的沟通效率、产出效果和产品体验。阅读设计规范文档可以帮助设计师理解产品设计。需要注意的是，设计规范文档并不是落地后就不变的文档，它随着产品的迭代而迭代。

设计规范包含界面的基本控件、布局与流程。

（1）控件指设计规范文件中的小元素，是交互设计入门的基础。例如"搜索框""单选框""复选框"与"下拉框"等。理解控件的最好方法就是去各个平台阅读官方规范。

iOS：https://developer.apple.com/design/human-interface-guidelines/ios/overview/themes

安卓：https://material.io/design/introduction/#principles

macOS：https://developer.apple.com/design/human-interface-guidelines/macos/overview/themes

微信小程序：https://developers.weixin.qq.com/miniprogram/design/

AntDesign：https://ant.design/docs/spec/introduce-cn

（2）布局指赋予控件和内容适度的视觉重量。包括4个步骤：列举所需元素；将元素归类；将归类好的元素按用户场景中的浏览顺序、重要性或业务期望综合考虑进行排序；对各元素视觉重量进行调整。

（3）流程指交互稿中的交互设计内容的主要描述，也就是描述交互过程。流程设计的基本步骤：确定任务；将任务拆分为动作；将动作对应界面。

设计规范文档可分为两个部分。

（1）视觉设计：产品的视觉设计规范能使页面风格属性识别统一，防止出现严重错误，还可以节约在产品设计与推广期间的投入时间，减少相同属性单元与页面新建时执行复用标准设计，减少设计与开发期间的信息传达干扰，加快团队入新人的接手速度，减少错误。

（2）交互设计：这些优秀的设计规范案例都具有灵活、可拓展、系统、和标准化的特点。它们能规范体验设计的框架与表现层的问题解决方案。这些复杂的设计规范也就上升为设计语言。对于界面设计师来说，理解交互设计规范能帮助产品实现一致的体验，能输出更丰富的组件效果来配合交互场景。

现在的产品设计规范文档中没有明确分割为视觉设计与交互设计，而是将其全部统称为设计规范。在概念设计阶段的设计规范文档较为粗糙，主要规范设计风格及交互方式。完成产品原型之后，迭代的设计规范文档就成为对接前后端开发以及测试人员的技术规范文档，这份设计规范文档也会随着产品迭代而迭代，如前文提到的各个平台阅读官方规范。

4.3.2 交互设计文档案例分析

以i深职部分设计规范为例，展示UI设计师应该掌握的交互设计文档内容。

1. 框架布局

i深职的界面布局标准如图4-22所示。为了减少沟通与理解的成本，统一设计画板的尺寸。基于开发语言和iOS界面规则，i深职设计团队统一的画板宽度为375 px，以@1×375×667 px分辨率为基准设计。左右布局的设计方案中，统一设置内容距页面左右边距,常规页面为 15 px,注册登录页面为 30 px,缺省页为 40 px。上下布局的设计方案中,统一设置卡片间的间距值为 6 px。

(a)统一画板

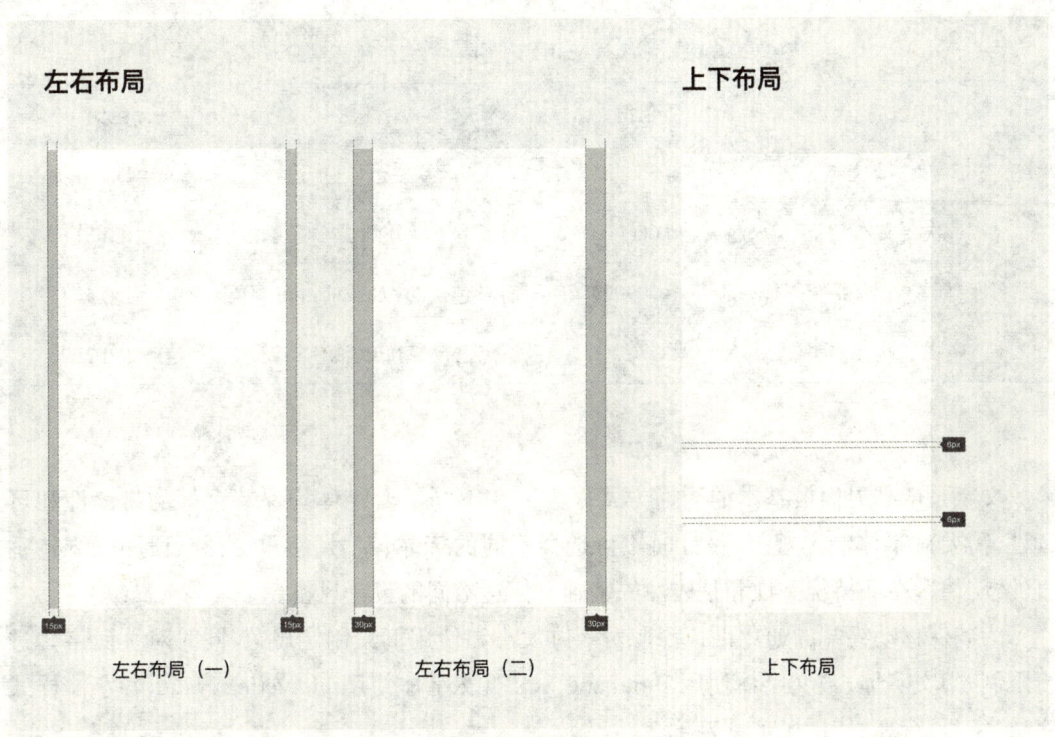

(b)布局

图 4-22 i 深职界面布局标准

2. 色彩

色彩是表达活力、传递信息、沟通状态、提供操作反馈、保持体验一致的重要元素。界面色彩一般分为主色、功能色和中性色。

选取主色是为了保持品牌识别性,传达有效信息,指引操作并交互反馈,应严格遵循清晰明确、简洁统一的设计原则。根据深职院特色和用户反馈,i深职(教工版)选取蓝色为主色,既清爽又具有亲和力,各版块内容做适量的色调差异,显得界面统一而不单调。

功能色是表示明确的信息以及状态,例如成功、出错、失败、提醒、链接等。功能色的选取需要遵守用户对色彩的基本认知。建议在一套产品体系下,功能色尽量保持一致,减少过多的自定义,避免干扰用户的认知体验。i深职中功能色色值见表4-1。

表4-1 i深职功能色色值对应表

功能色	色值	功能色	色值
可点击	#1890FF	强调/提醒	#FAAD14
成功反馈	#73D13D	错误/提示	#FF4D4F

中性色主要应用于界面的文字部分,此外背景、边框、分割线等场景中也较为常见,产品中性色的定义需要考虑深色背景以及浅色背景的差异,i深职中性色色值见表4-2。

表4-2 i深职在不同应用场景中的中性色色值对应表

中性色	色值	中性色	色值
标题/主要文本	#333333	标签栏边界/描边	#E0E0E0
次要文本	#666666	分割线	#E8E8E8
说明性/标签文本、系统图标	#999999	背景色/图片加载前占位颜色	#F4F4F4
暗提示性文本	#C7C7C7	点击反馈(list、浅色按钮)	#F2F2F2

3. 字体

文字是产品界面最基本的沟通方式。为了在不同平台字体均保持良好的易读性和可读性,需要对字体制定规范,设计时不可选择不同的字体、字号、字重、行距、段距以维持垂直的"韵律",在保持统一性和整体性的基础上传达不同的设计风格。

为确保移动终端的通用性,i深职对字体大小和使用场景制定规范,同时对页面字体进行限制,中文字体、数文字体使用PingFang SC,英文字体使用Helvetica Naue,各字体样式字重、字号/行高、使用场景见表4-3。

表 4-3　i 深职界面字体标准

样式	字量	字号/行高（px）	使用场景
标准字	medium	22/30	用于资讯标题/插画弹窗标题
标准字	medium	18/25	导航标题/个人中心用户名/功能模块大标题/提示框标题、底部按钮文字、文档详情标题
标准字	medium/regular	17/24	列表标题/资讯正文/底部选择器文字/按钮文字/toast 提示文字/表单标题
标准字	medium/regular	16/22	导航两端操作文字/导航选择标签/输入框标题、内容
标准字	regular	15/21	弹窗内容/表单右侧描述/文档详情正文/导航菜单/搜索框内容/搜索记录
标准字	regular	14/20	输入框右端描述性文字
标准字	regular	13/18	用于图标文字/列表标题下描述性文字/热门搜索、搜索历史记录文字
标准字	medium	10/14	用于标签内文字

4. 图标

图标是用来形象地表达产品中文件、目录、操作等重要内容的方式之一，具有明确的可供性和意指，能使用户迅速理解交互的内容，检索复杂的信息。i 深职的图标设计均遵循扁平化的设计方法，摒弃修饰性的元素，统一图标风格和颜色，更换图标形状使其相互之间存在差异又保持统一。根据不同的图标形状类型使用不同的轮廓线，使图标间保持一致的视觉效果。

"i 深职"功能图标大小为 30×30 px，圆角为 2 px，外框圆形与内部图形比例约 2∶1，如图 4-23 所示。

5. 缺省页

在 App 处于异常状态时所展示的页面为缺省页。插图大小 130×130 px，有效范围不大于 124×124 px，6 px 为预留空白像素。若该元素为摆放地面的物品，则需要考虑投影效果，投影范围为 120×32 px，且距切图底部距离为 10 px，投影与地面水平角度为 45°。

图 4-23　i 深职界面图标标准

插图配色为了提高图片的识别性，应避免低纯度、低明度的色彩搭配；渐变取色尽量控制在同一色相的水平区域内，由于插图带有立体的光照效果，渐变程度根据物品的高度为中心渐变拉出，浅色在下方，深色在上方，角度呈约 60°，如图 4-24 所示。

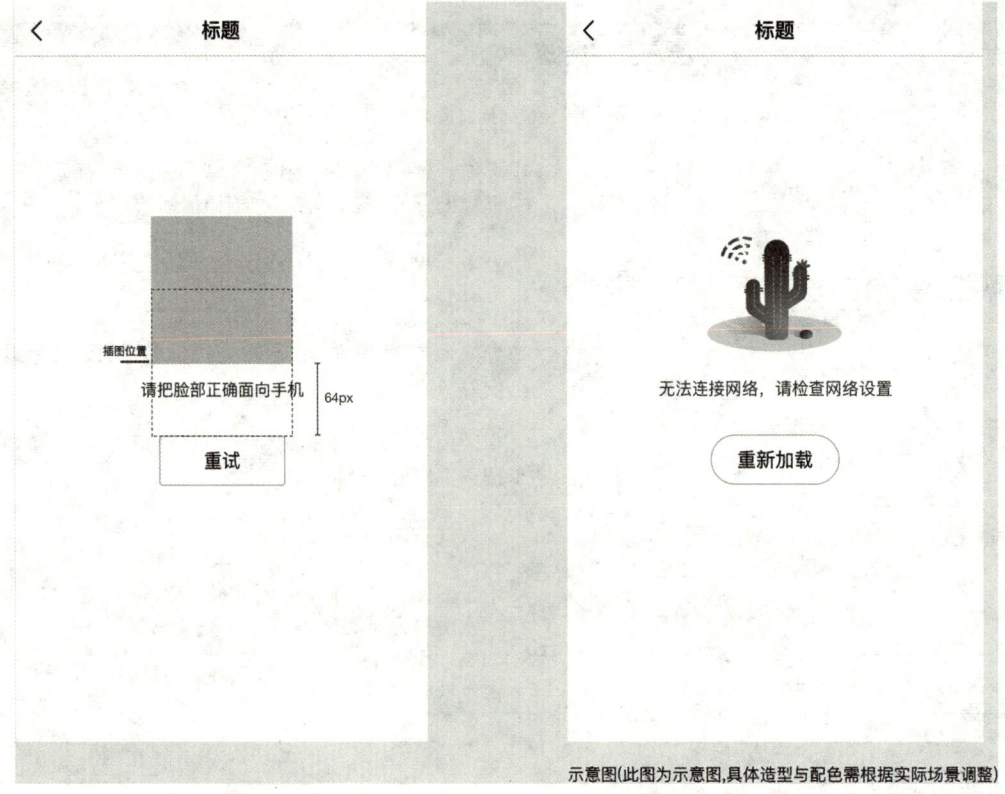

(a)

(b)

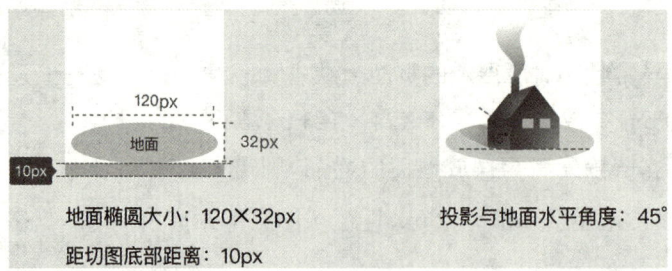

(c)

图 4-24　i 深职界面缺省页标准

4.3.3 交互设计走查

交互设计走查也可称为设计验证或设计自查,是一项重要的工作内容。设计验证可以放在项目最后进行,但是新手设计师在工作进度过半时应进行自查,及时审视自己的工作,避免因思考不全导致疏漏的情况。在完成设计验证工作后,新手设计师对产品交互设计的细节会有更加全面的总结。

项目不同,交互设计走查也有不同,需要根据项目情况和需求灵活配置自查项。常见的自查表见表4-4。

表4-4 项目交互设计走查表

用户需求与产品目标				
层次	维度	自查点	说明	备注
目标分析	业务目标	目标动机是否清晰		
	用户目标	用户场景与用户目标是否明确		
	产品目标	产品描述是否清晰易懂		
	设计目标	是否提出关键词解读分析		
用户需求	用户细分	明确用户细分以及是否能转换		
	用户画像	用户画像是否完整清晰		
	用户场景	场景描述是否准确		
	核心需求	用户核心需求是否清晰		
	功能需求	功能是否覆盖核心需求		
概念设计				
信息架构与流程	信息架构	信息架构是否容易理解		
		信息架构的深度与广度是否平衡		
		信息层级是否分明,优先级是否清晰		
		信息分类是否合理		
		信息视觉是否符合用户场景视觉流		
	流程设计	核心任务流程是否流畅		
		子流程和异常流程的设计是否周全		
		返回与出口是否符合用户预期		
		跳转名称与目的地是否一致		
		复杂任务流程是否可保持		
		意外退出是否有保存提示		

（续表）

概念设计					
层次	维度	自查点		说明	备注
页面元素	文案	句式、用词是否一致			
		时间、地点、符号类型等是否统一			
		是否使用用户熟悉的词汇			
		是否简洁易懂,能否更精练			
	数据	空态如何呈现			
		字数有限制时超限如何处理			
		无法完整显示的数据如何处理			
		数据的排序规则			
		数据是否要按特定格式显示,是否存在极值			
		数据过期如何提示用户			
	图片	是否有预加载图			
		加载失败如何显示			
		是否支持查看大图			
		是否支持切换翻页,是否有页码			
		是否支持下载、分享、转发			
		是否支持负向操作,如删除、举报			
		是否有查看权限,如登录后查看放大图、下载等			
组件和控件	按钮	按钮类型(主按钮、次按钮、"幽灵"按钮、文字按钮)是否按需区分使用			
		按钮文案是否准确			
		按钮状态[默认、经过、点击、选中、置灰、加载中(提交按钮)等]是否齐全,是否容易区分			
		用户是否知道按钮不可用的原因及解决方法			
		操作前后是否有状态或视觉上的变化			
		毁灭性操作按钮是否特殊标识,如标红			
	弹窗	是否需要操作特殊的视觉效果			
		是否有背景遮罩,点击遮罩是否可以关闭弹窗			
		是否区分主动作和次动作,主动作是否突出			
		有无取消操作			

（续表）

概念设计				
层次	维度	自查点	说明	备注
组件和控件	输入与选中	输入类型是否支持数字、特殊字符和空格等		
		是否有字数限制，超限时如何处理，无法完整显示时间如何处理		
		是否支持其他输入方式，如复制粘贴等		
		是否制定了键盘类型和键盘引起的页面滚动		
		是否存在不必要的输入		
		是否为用户提供了默认值		
交互过程与反馈	交互过程与反馈	是否所有操作成功反馈考虑周全		
		是否所有操作失效反馈考虑周全		
		操作过程中是否允许取消/回退		
		是否考虑了危险操作的二次确认		
		是否设计必要且合理的动效		
特殊场景与其他	硬件设备	是否支持横屏显示，横屏时布局与功能是否完整		
		各机型适配问题，如小屏手机的内容显示及操作区域是否足够		
		是否需要调用GPS、蓝牙、相机等设备的使用权限，如何让用户更加愿意授权		
	模式	编辑模式：出现意外情况是否提示保存或自动保存已填信息		
		夜间模式：是否需要考虑夜间模式（有无暗光场景）		
		低电模式：是否减弱部分视觉效果，是否停用富文本内容的自动刷新和下载		
		无图模式：数据流量环境是否提示切换无图模式		
		沉浸模式：如全屏模式、VR模式。是否考虑退出操作便捷性以及信息提示弱打断		
	网络状态	无网、断网（网络超时）、弱网（网络不给力）		
		从Wi-Fi环境切换到数据流量环境是否需要切换视图		
	异常	异常操作、连续破坏性操作时是否需要身份验证		
		是否出现服务器异常、无数据、搜索无结果等状况		

（续表）

概念设计				
层次	维度	自查点	说明	备注
特殊场景与其他	账号权限	登录和未登录的权限区别，需要登录后才能操作的功能是否有说明		
		是否需要读取用户权限		
		是否告知用户有权限区别，如何获得权限，不同权限如何管理		
	其他	是否有新手引导		
		是否需要埋点		
		是否有技术可行性		
		是否需要必要动效与视觉说明		

表4-3为可供参考的综合交互设计走查表，在实际情况中，产品设计团队可根据任务需求进行相应调整。完成交互设计走查后，团队人员将进一步制作原型并使用原型完成可用性测试，最后提出优化方案。

项目实训

手绘产品线框图，测试低保真线框图的交互逻辑与操作形式，确保产品功能与用户操作的顺利实现。

视觉设计规范与应用

> 课 时

12 学时

> 项目描述

在本项目的学习中,学生需要重点掌握规范界面的构成要素、控件的使用、iOS 设计规范和安卓设计规范的差异等内容,理解设计规范中的专业术语,以及在应用场景中设计规范如何影响产品的使用效果。移动端产品的设计需要从设计尺寸开始逐步引导学生完成整个视觉设计部分的操作,包括引导页/闪屏、登录注册页面、首页、菜单导航、个人页等。案例演示和设计实践能引导学生在视觉创意设计过程中逐步培养专业的规范设计思维与职业素养,形成设计习惯与自觉,不断跟随产业发展提升自身专业技能。

> 学习目标

知识目标	1. 了解不同平台的视觉设计规范
	2. 了解不同专业术语在开发过程中的应用场景
	3. 理解扁平化设计与界面设计风格变迁与发展趋势
	4. 清楚移动端界面构成与空间布局要点
能力目标	1. 具备 iOS/安卓平台在开发尺寸与规范上的转换能力
	2. 掌握成套图标开发的能力
	3. 能够熟练掌握界面核心要素的视觉设计规范
	4. 具备 App 视觉设计全流程操作能力
素质目标	1. 理性平衡功能实现与视觉审美的关系,务实与创新平衡发展
	2. 主动学习优秀设计案例,不断提升设计审美鉴赏力

任务 5.1 熟悉基本视觉设计规范

5.1.1 设计规范中的常见术语

视觉设计规范任务是通过对 App 核心界面和典型界面元素组件的认知,掌握 iOS/安卓设计规范。重点需要掌握和理解规范界面的构成要素、控件的使用、iOS 设计规范和安卓设计规范的差异等内容。

移动端操作系统包括苹果的 iOS、谷歌的安卓、惠普的 WebOS、开源的 MeeGo 及微软 Windows,其中安卓和 iOS 是目前市场占额最大的两个系统。尽管不同系统在规格上存在差异,但在设计规范中涉及相同的专业术语。下面介绍 8 种常见的专业术语。

(1) 英寸(inches,in):屏幕的物理长度单位。手机屏幕尺寸指手机屏幕对角线的长度,通常有 4.7 英寸、5.8 英寸、6.1 英寸等。

(2) 像素(pixel,px):由一个数字序列表示的图像中的最小单位。

(3) 磅(pt):1 磅 = 1/72 英寸,该单位通常用于印刷业。

(4) 每英寸像素数(pixels per inch,ppi):表示物理像素密度,是客观存在的。ppi 影响图像的显示尺寸,屏幕的 ppi 值越高,每英寸能容纳的像素颗粒越多,该屏幕的画面细节越丰富。当屏幕分辨率为 $X \times Y$ 时,ppi $= \sqrt{X^2 + Y^2}$ / 屏幕尺寸(单位:px)。

(5) 每英寸点数(dots per inch,dpi):表示图像每英寸长度内的像素点数,影响图像的打印尺寸,该值越高,图片越细腻。

(6) 逻辑像素:程序员在用代码绘制页面时所用的尺寸,也叫作"1 倍图尺寸",单位为 pt。iOS 开发工程师和使用 Axure RP、Sketch、XD 软件设计界面的设计师使用的单位都是 pt。

(7) 渲染像素:可以理解为是手机截屏时所得到的图片尺寸,也就是屏幕显示的实际像素,单位为 px。

(8) 倍率:逻辑像素和渲染像素存在着一定的比例关系,这种比例通常称为倍率,例如切图后缀的@2×、@3×对应的就是倍率的数值,分别代表 2 倍、3 倍,如图 5-1 所示。值得一提的是,倍率不一定是整数,比如安卓系统就有@1.5×。

5.1.2 iOS 设计规范

iPhone 手机型号与参数(截至 2022 年 1 月)见表 5-1,主要屏幕尺寸有 6.1 英寸、6.7 英寸、5.8 英寸等。接下来将从尺寸、状态导航栏、标签栏、App 图标、全局边距、系统色彩、字体、控件、切图命名规范 9 个方面介绍 iOS 系统的设计规范。

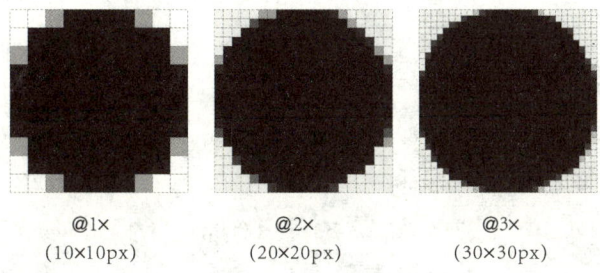

@1× (10×10px) @2× (20×20px) @3× (30×30px)

图 5-1 倍率关系与渲染效果

表 5-1 历代 iphone 参数简表（截至 2022 年 1 月）

代数	设备	逻辑像素/pt	渲染像素/px	尺寸/英寸	倍率	发布时间
第一代	iPhone 2G	320×480	480×320	3.5	@1×	2007 年 6 月 29 日
第二代	iPhone 3G	320×480	480×320	3.5	@1×	2008 年 7 月 11 日
第三代	iPhone 3GS	320×480	480×320	3.5	@1×	2009 年 6 月 9 日
第四代	iPhone 4	320×480	960×640	3.5	@2×	2010 年 6 月 8 日
第五代	iPhone 4S	320×480	960×640	3.5	@2×	2011 年 10 月 4 日
第六代	iPhone 5	320×568	1 136×640	4.0	@2×	2012 年 9 月 13 日
第七代	iPhone 5S/5C	320×568	1 136×640	4.0	@2×	2013 年 9 月 10 日
第七代	iPhone 5C	320×568	1 136×640	4.0	@2×	2013 年 9 月 11 日
第八代	iPhone 6	375×667	1 334×750	4.7	@2×	2014 年 9 月 9 日
第八代	iPhone 6 Plus	414×736	1 920×1 080	5.5	@3×	2014 年 9 月 9 日
第九代	iPhone 6S	375×667	1 334×750	4.7	@2×	2015 年 9 月 10 日
第九代	iPhone 6S Plus	414×736	1 920×1 080	5.5	@3×	2015 年 9 月 10 日
第十代	iPhone SE	320×568	1 136×640	4.0	@2×	2015 年 9 月 10 日
第十代	iPhone 7	375×667	1 334×750	4.7	@2×	2016 年 9 月 8 日
第十代	iPhone 7 Plus	414×736	1 920×1 080	5.5	@3×	2016 年 9 月 8 日
第十一代	iPhone 8	375×667	1 334×750	4.7	@2×	2017 年 9 月 13 日
第十一代	iPhone 8 Plus	414×736	1 920×1 080	5.5	@3×	2017 年 9 月 13 日
第十一代	iPhone X	375×812	2 436×1 125	5.8	@3×	2017 年 9 月 13 日
第十二代	Phone XR	414×896	1 792×828	6.1	@2×	2018 年 9 月 13 日
第十二代	iPhone XS	375×812	2 436×1 125	5.8	@3×	2018 年 9 月 13 日
第十二代	iPhone XS Max	414×896	2 688×1 242	6.5	@3×	2018 年 9 月 13 日
第十三代	iPhone 11	414×896	1 792×828	6.1	@2×	2019 年 9 月 11 日
第十三代	iPhone 11 Pro	375×812	2 436×1 125	5.8	@3×	2019 年 9 月 11 日

(续表)

代数	设备	逻辑像素/pt	渲染像素/px	尺寸/英寸	倍率	发布时间
第十三代	iPhone11 Pro Max	414×896	2 688×1 242	6.5	@3×	2019年9月11日
第十三代	iPhone SE(第二代)	375×667	1 334×750	4.7	@2×	2020年4月15日
第十四代	iPhone 12 mini	375×812	2 340×1 080	5.4	@3×	2020年10月14日
第十四代	iPhone 12	390×844	2 532×1 170	6.1	@3×	2020年10月14日
第十四代	iPhone 12 Pro	390×844	2 532×1 170	6.1	@3×	2020年10月14日
第十四代	iPhone12 Pro Max	428×926	2 778×1 284	6.7	@3×	2020年10月14日
第十五代	iPhone 13 mini	375×812	2 340×1 080	5.4	@3×	2021年9月15日
第十五代	iPhone 13	390×844	2 532×1 170	6.1	@3×	2021年9月15日
第十五代	iPhone 13 Pro	390×844	2 532×1 170	6.1	@3×	2021年9月15日
第十五代	iPhone 13 Pro Max	428×926	2 778×1 284	6.7	@3×	2021年9月15日

设计基准尺寸的选择,除了要考虑设备的占有率,还要兼顾适配的成本。例如当有大、中、小三种尺寸的设备需要设计时,优选中间尺寸作为基准尺寸,不需要每个分辨率都设计一套(注意引导页或启动页切图通常设计多个版本)。

1) 设计尺寸

过去一段时间设计师常用的设计尺寸是 750×1 334 px,但随着 iPhone 进入全面屏时代,如果再把 750×1 334 px 作为设计的基准尺寸显然已经不合时宜。2020 年以来,从 iPhone 12 到最新的 iPhone 13 都保持了同样的渲染像素与逻辑像素,显然 390×844 pt(对应@2× 780×1 688 px)更适合作为今后的设计基准尺寸,因此,使用 Axure RP、Sketch 和 XD 软件时建议使用 390×844 pt 进行设计,使用 Photoshop 建议按 780×1 688 px 的尺寸设计,然后向左、向右适配,见表 5-2。

表 5-2 iphone 12/13 设计尺寸简表

代表机型	iPhone 12/13 mini	iPhone 12/13	iPhone 12/13 Pro	iPhone 12/13 Pro Max
屏幕尺寸/英寸	5.4	6.1	6.1	6.7
渲染像素/px	2 436×1 125	2 532×1 170	2 532×1 170	2 778×1 284
逻辑像素/pt	375×812	390×844	390×844	428×926
倍率	@3×	@3×	@3×	@3×
换算	1 pt=3 px	1 pt=3 px	1 pt=3 px	1 pt=3 px

2) 状态栏和导航栏

iOS 界面主要有状态栏、导航栏、内容区域、标题栏 4 大部分组成。状态栏位于界面最上方,用于显示时间、运营商、电池电量等信息的区域。导航栏在状态栏下方,通常放置页面标题、导航按钮、搜索框等。在设计 iOS 应用时还有一个安全区域如图 5-2、图 5-3 所示,安全区域是指除去状态栏后剩下的内容设计区域。从 iOS 11 发布后,大标题导航栏设计风格兴起,随后被引入平台规范,以最新的 iOS 15 为例,大标题导航栏的高度一般为 286 px(143 pt)。在导航栏区域放置的控件有搜索、返回、添加、更多、分段选择等,使用 Photoshop 的设计师注意这里的尺寸需按照@2×下的物理像素单位数值进行设计。

状态栏跟导航栏一般会进行一体化设计。现在流行大标题导航栏设计,如图 5-4 所

图 5-2　iOS 设计安全区域(竖屏)　　　图 5-3　iOS 设计安全区域(横屏)

图 5-4　iOS 状态栏、导航栏与内容区域

示,也就是加大导航栏的高度,融入页面内容的标题,当内容上滑时,大标题再回归到常规导航高度。大标题导航栏的高度一般为 286 px(143 pt),这里包括了 96 px(48 pt)状态栏的高度,同时也能放得下 190 px(95 pt)的大标题和辅助信息,如图 5-5 所示。导航栏中的元素必须遵守以下 3 个对齐原则:

① 返回按钮必须在左边对齐;

② 当前界面的标题必须在导航栏正中;

③ 其他控制按钮必须在右边对齐。

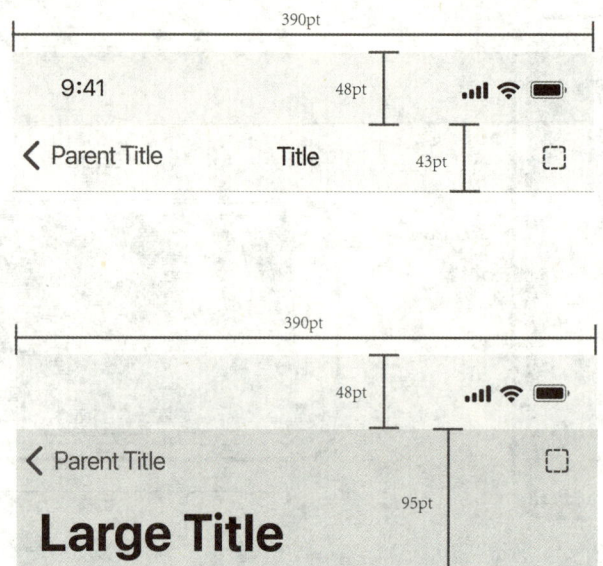

图 5-5　iOS 常规标题栏与大标题栏尺寸

3) 标签栏/工具栏

架构了多个屏幕之间页面内容切换的容器称为标签栏,常出现在应用程序屏幕底部。标签栏在任何目标页面中的高度是不变的,iOS 规定它的高度为 98 px(iOS @2×)。但因为 iPhone X 之后的全面屏手机引入了 Home 栏(134×5 pt),所以在进行界面适配的时候,请务必要加上 Home 栏区域自身的 68px 高度。别让 Home 栏遮挡标签栏中标签的展示,以免两个控件发生操作手势冲突。标签栏上的图标一般来说为 60 px(30 pt),数量在 2~5 个,所以我们能看到常规标签栏与紧凑型标签栏两种尺寸。Tab 栏图标设计规范如图 5-6 所示。

4) 全套 App 图标尺寸

每个应用程序都需要一引人瞩目的图标,该图标在 App Store 中引起人们的注意,并在主屏幕上脱颖而出。iOS 的 App 图标是不需要带圆角切的,系统会自动处理。iOS 15 的 App 全套图标尺寸一共有 7 种,分别是:App Store 图标 1 024×1 024 pt(@1× 1 024×1 024 px)、应用图标 60×60 pt(@2× 120×120 px)、60×60 pt(@3× 180×180 px)、Spot-

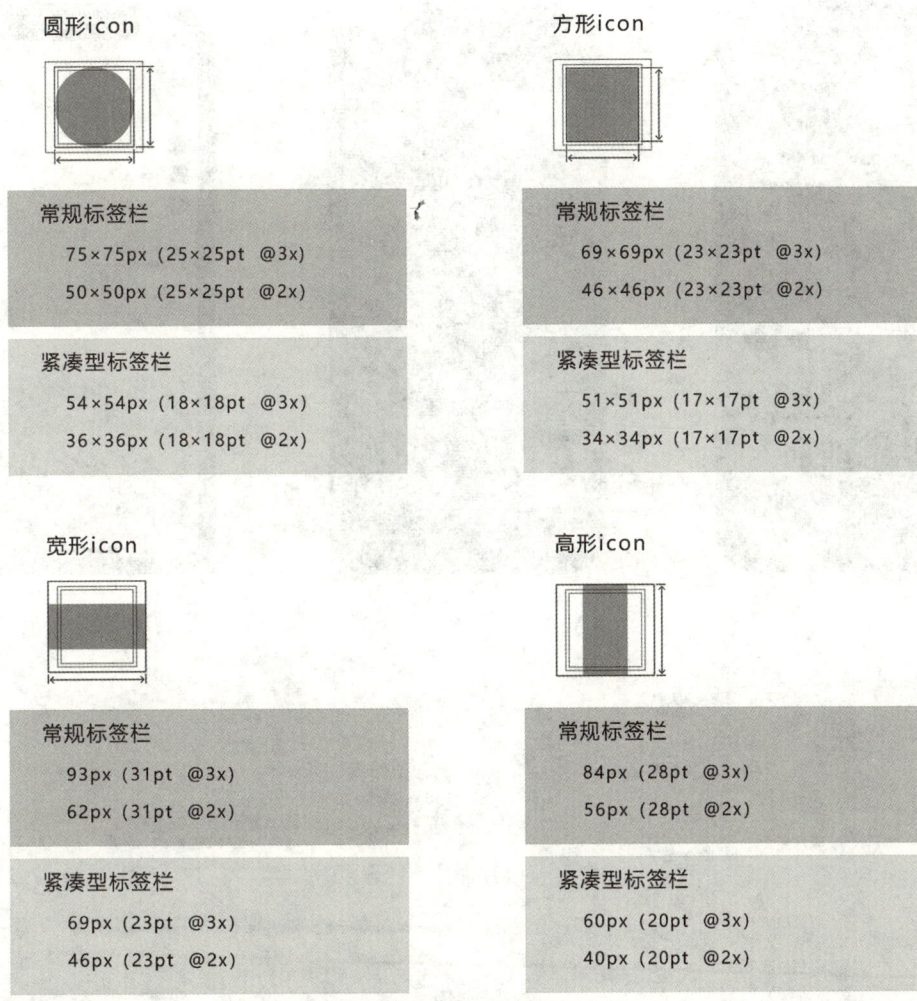

图 5-6　iOS 标签栏图标设计规范

light 图标 40×40 pt(@2× 80×80 px)、40×40 pt（@3× 120×120 px）、设置图标 29×29 pt（@2× 58×58 px)、29×29 pt（@3× 87×87 px)、通知图标 29×29 pt（@2× 58×58 px)、38×38 pt(@3× 114×114 px)，如图 5-7 所示。

5）全局边距和间距

全局边距是指页面内容到屏幕边缘的距离，整个应用的界面都应该以此来进行规范，以达到页面整体视觉效果的统一。在实际应用中，应该根据不同的产品气质采用不同的边距，让边距成为界面的一种设计语言，全局边距的设置可以更好地引导用户竖向向下阅读。iOS 原生态页面"设置"和"通用"及常用 App（如微信）的页面边距都是 32 px，如图 5-8 所示。

在移动端页面设计中卡片式布局是最常见的布局方式，至于卡片和卡片之间的距离的设置需要根据界面的风格以及卡片承载信息的多少来界定，通常最小不低于 16 px，如 iOS

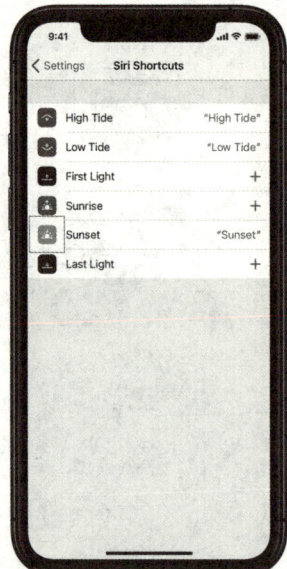

图 5-7　App 全套图标

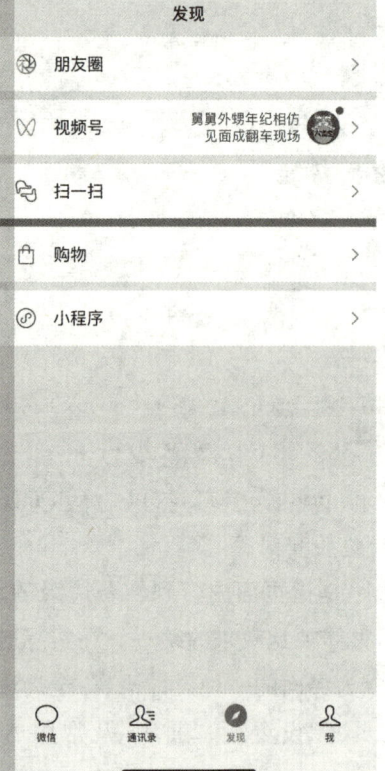

图 5-8　边距和间距

系统的设置页卡片间距是 70 px，而微信的卡片间距是 16 px。过小的间距会造成用户紧张情绪，使用最多的间距尺寸是 20 px、24 px、30 px、40 px，当然间距也不宜过大，过大的间距会使界面变得松散，间距的颜色设置可以与分割线一致，也可以更浅一些。

6) 系统色彩

iOS 提供一系列系统颜色，可自动适应动态和辅助功能设置的变化，如"增加对比度"和"降低透明度"。系统颜色可以单独或组合使用。进行颜色设置时，从心理学、色彩学角度只要符合产品气质即可，颜色可以自由设置。iOS 官方系统色彩见表 5-3。

表 5-3 iOS 官方系统色彩

颜色	亮背景			暗背景		
	R	G	B	R	G	B
红色	255	59	48	255	69	58
橙色	255	149	0	255	159	10
黄色	255	204	0	255	214	10
绿色	52	199	89	48	209	88
薄荷	0	199	190	102	212	207
青绿	48	176	199	64	200	224
青色	50	173	230	100	210	255
蓝色	0	122	255	10	132	255
靛蓝	88	86	214	94	92	230
紫色	175	82	222	191	90	242
品红	255	45	85	255	55	95
棕色	162	132	94	172	142	104
灰	142	142	147	142	142	147
灰(2)	255	149	0	255	159	10
灰(3)	255	204	0	255	214	10
灰(4)	52	199	89	48	209	88
灰(5)	229	229	234	44	44	46
灰(6)	242	242	247	28	28	30

7）字体

iOS 的英文默认字体是 San Francisco 字体，中文默认使用是 PingFang SC。对于字体的粗细使用主要考虑信息层级的权重。苹果字体信息层级可分为标题、副标题、正文、辅文、注释等，大多数优秀 App 界面字号见表 5-4。

表 5-4　iOS 字体字号建议

位置	实际像素	逻辑像素	位置	实际像素	逻辑像素
标题	34～36 px	17～18 pt	辅文	20～28 px	10～14 pt
副标题	30～36 px	15～18 pt	注释	20～24 px	10～12 pt
正文	28～34 px	14～17 pt			

列表页的标题和详情文字大小一般用 4 和 6 的梯度搭配，例如，一般文字可用 30 px 标题搭配 26 px 详情，带头列表可用 30 px 标题搭配 24 px 辅助信息。详情页文章标题与正文文字大小间距为 8 的倍数，如 40 px、32 px、24 px 等。行间距与字号比例为 1～5 倍。在界面设计时，设计师要根据用户的使用情景来判断行高是否足够使字体可读，同时还需以最终呈现效果为基准对中文字体进行调整。注意，手机上最小字体显示为 20 px（10pt），最大是大标题字体 68 px（34pt）。字体详细使用位置字号参考见表 5-5。

表 5-5　iOS 字体详细使用位置字号参考

位置	实际像素	逻辑像素	位置	实际像素	逻辑像素
导航标题	34～36 px（主标题） 30～36 px（副标题） 68 px（大标题）	17～18 pt（主标题） 15～18 pt（副标题） 34 pt（大标题）	搜索栏文字	28～34 px	14～17 pt
			图标文字	24～28 px	12～14 pt
标签栏文字	18～20 px	9～10 pt	列表文字	34 px	17 pt
标签导航文字	28～34 px（未选中） 30～50 px（选中）	14～17 pt（未选中） 15～25 pt（选中）	图片配文	26 px	13 pt

8）控件

控件包括按钮、选择器、滑杆、开关、文本框等，苹果开发者网站提供了多个格式的 UIKit 组件，如图 5-9 所示。设计师在无须过多体现设计感的页面中都使用系统默认控件，在品牌感需要强调的页面使用自定义样式。要特别注意，选择区域须符合 88 px（44 pt）原则，必须设计操作的正常、按下、选中、禁用 4 种状态。控件中无处不在的 88 px（44 pt）是因为人手指点击区域为 7～9 mm，在 @2× 中就是 88 px（44 pt）。iOS 的导航条、列表、工具栏都充满了 88 px（44 pt）这个神秘数字，在设计时一定也要考虑到手指的点击区域，如图 5-10 所示。

项目 5　视觉设计规范与应用

图 5-9　UIKit 组件

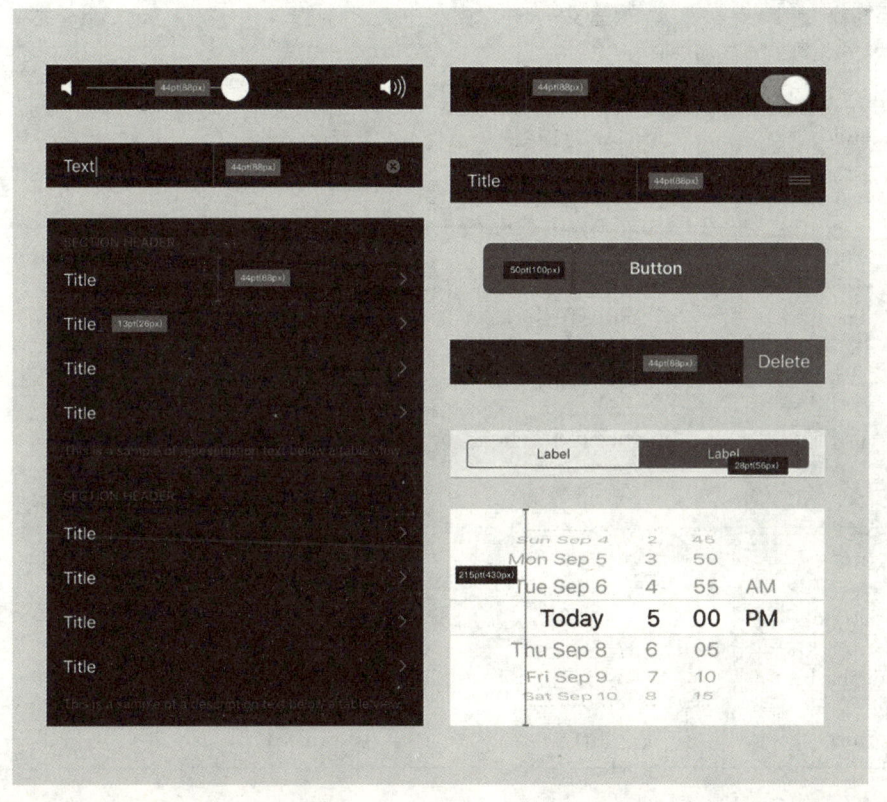

图 5-10　控件中的常用尺寸

9) 切图命名规范

切图最后需要命名成规范格式,方便程序员查找。通用切片命名的规范是:组件_类别_功能_状态@2×.png(模块_类别_功能_状态@2×.png)如图 5-11 所示。名称应使用英文命名,不要使用数字或者符号作为开头,使用下划线进行连接。例如,tabbar_icon_home_default@2×.png(标签栏_图标_主页_默认@2×.png)、mail_icon_search_pressed@2×.png(邮件_图标_搜索_默认@2×.png)。命名原则是清晰地表达出切片的具体内容并且没有重复的名称。为了命名的正确性,设计师需要先和合作的开发工程师进行沟通确认,命名规范见表 5-6。

图 5-11 切片命名规范

表 5-6 常用切图命名规范

简称	含义	简称	含义
bg	background,背景	default	默认
nav	navbar,导航栏	pressed	按下
tab	tab bar,标签栏	back	返回
btn	button 按钮)	edit	编辑
img	image 图片	content	内容
del	delete 删除	left/center/right	左/中/右
msg	message 提示信息	logo	标识
pop	pop up 弹出	login	登录
icon	图标	refresh	刷新
selected	选择	banner	广告
disabled	不可点击	link	链接
user	用户	download	下载

5.1.3 安卓设计规范

安卓系统是一种基于 Linux 的自由开放源代码的操作系统,一般用于移动设备中,是目前最主流的手机操作系统。由于安卓系统具有良好的底层框架,所以国内生产的智能手机基本都是基于安卓系统的底层框架优化研发的。安卓屏幕尺寸繁多。接下来主要从移动端安卓设备的开发参数、图标、字体、排版间距及切图 5 个方面介绍安卓设计规范。

1. 安卓开发单位和度量

安卓设备的基本单位及参数见表 5-7。其中,dpi = 屏幕宽度(或高度)像素 / 屏幕宽度(或高度)英寸,dp =(宽度像素×160)/ dpi。

独立密度像素(density-indpendent pixels,dp)与设计师制图时用的 px 需要通过分析设备的 ppi 值进行换算。以 160 ppi 屏幕为标准,则 1 dp = 1 px。以 720×1 280 px(320 ppi)为例,1 dp×320 ppi/160 = 2 px。

表 5-7 安卓设备开发参数

名称	分辨率/px	dpi	成像素比值	示例/dp	对应像素/px
xxxhdpi	2 160×3 840	640	1:4.0	48	192
xxhdpi	1 080×1 920	480	1:3.0	48	144
xhdpi	720×1 280	320	1:2.0	48	96
hdpi	480×800	240	1:1.5	48	72
mdpi	320×480	160	1:1.0	48	48

2. 安卓图标

界面中的图标类型主要包括应用图标和系统图标,常见的系统图标尺寸有 24 px、32 px、48 px 等,见表 5-8。

表 5-8 安卓系统图标尺寸 单位:px

图标用途	mdpi (160 dpi)	hdpi (240 dpi)	xhdpi (320 dpi)	xxhdpi (480 dpi)	xxxhdpi (640 dpi)
应用图标	48×48	72×72	96×96	144×144	192×192
系统图标	24×24	36×36	48×48	72×72	196×196

3. 安卓字体

中文字体是思源黑体(Source Han Sans / Noto),英文字体是 Roboto。安卓设备的字体单位为独立缩放像素(scale-independent pixels,sp)。安卓平台允许用户自定义文字大小,当文字尺寸是"正常"状态时,1 sp = 1 dp。主题文字、正文、提示文字等的字体大小一定都是偶数,见表5-9。

表5-9　安卓系统字体尺寸　　　　　　　　　　　　　　　　　　　　单位:px

分辨率	导航标题	标题文字	正文文字	辅助性文字	标签栏文字
720×1 280	36	28～48	30、32	20～28	20、24
1 920×1 080	54	42～72	45、48	30～42	30、36

4. 安卓排版间距

安卓界面中遵循"8 dp 原则",即栅格系统的最小单位是 8 dp,一切距离、尺寸都应该是 8 dp 的整数倍。图 5-12 显示了在"8 dp 原则"基础上如何将图标、头像和一个 2 行文本的列表左对齐,以及如何将一个 56 dp 的浮动动作按钮和文本右对齐。图(左)为水平间距,其中左、右各有 16 dp 的垂直边框,带有图标或头像的内容的左边距为 72 dp,图(右)为垂直间距,各间距尺寸均是 8 dp 的倍数。

水平间距(单位:dp)　　　　　　　　　　垂直间距(单位:dp)

图 5-12　安卓排版间距

5. 安卓切图

单像素的图会出现边缘模糊的情况,因此切图尺寸必须为偶数。一般情况下,只需要提供 hdpi、xhdpi 和 xxhdpi 3 套切图资源就可以满足安卓工程师的需求,除此之外,".9"切图是安卓平台开发中的特殊图片形式,".9"图标可以让开发人员清楚哪些部分可以拉伸、哪些部分需要保留。

设计师通常使用 iOS 规范制作移动端界面,然后再将界面设计尺寸(过去大部分采用

750×1 334 px)改为安卓的尺寸(大部分采用 1 920×1 080 px),字体改为思源和 Roboto,状态栏改为安卓样式,并使用切图工具切出安卓所需的各套切图即可粗略完成安卓的适配。然而,安卓系统在国内移动端市场的独占鳌头,而且谷歌公司于 2021 年推出的安卓 12 版本对安卓系统进行了大规模的视觉改进,对应用的细节做了指引,给了参考,提供了规范。这个规范将根据生态环境持续更新。安卓设计和 iOS 设计相比,需要注意的问题更多,同时带来的挑战也更多,UI 设计师学习其设计规范是一个能力提升的过程。

5.1.4 材料设计设计规范

材料设计(Material Designs,MD)是由谷歌公司于 2014 年推出的一种全新设计语言。MD 不仅有扁平化设计风格,而且注重卡片式设计,纸张的模拟、动效较为突出,使用了强烈对比色彩。MD 的目标是创建一种优秀的设计原则和科学技术融合的可能性,并给不同平台带来一致的体验,同时可以在规范的基础上突出设计者的品牌性。接下来将主要从与移动端界面相关的 7 个方面进行介绍。

1. MD 设计原则

(1) 材料隐喻。MD 受到物理世界及其纹理、材质,以及物体如何反射光和投射阴影的启发,重新构想了纸张和墨水等介质在数字世界的构建。

(2) 图形鲜明、有意义。MD 以印刷设计方法(版式、网格、空间、比例、颜色和图像)为指导,创建层次结构、含义和重点,使用户沉浸在体验中。

(3) 动效表达含义。动效通过微妙的反馈和连贯的过渡吸引用户注意力并保持系统连续性。当随着交互发生新的转换时,屏幕上的元素也会转换和重组场景。动效应该是有意义的、合理的,动效反馈需细腻、清爽,转场动效需高效、明晰。

(4) 灵活。MD 支持品牌表达。它与自定义代码库结合,实现组件、插件和设计元素的灵活运行。

(5) 跨平台。MD 通过共享组件实现在安卓、iOS、Flutter 和 Web 等不同平台上保持相同的 UI。

2. MD 的环境

MD 的用户界面显示在由光、材料和投射阴影的表示三维(3D)空间环境中。这个 3D 空间意味着每个对象都有 X、Y、Z 三维坐标属性。其中,Z 轴垂直于显示平面,如图 5-13 所示,并向用户视角延伸。每个材料都有厚度(Z 轴),标准是 1 dp,相当于一个屏幕密度为 160 ppi 的设备上的一个像素。

界面中不同模块功能可以使用不同的高度明确其逻辑层级关系,最重要的投影最高。通常 MD 以阴影或动效的方式强调海拔,如图 5-14、5-15 所示。

3. MD 的组件

组件是 MD 区别于 iOS 等其他设计的重要标识。MD 部分典型组件、如表 5-10 所示。

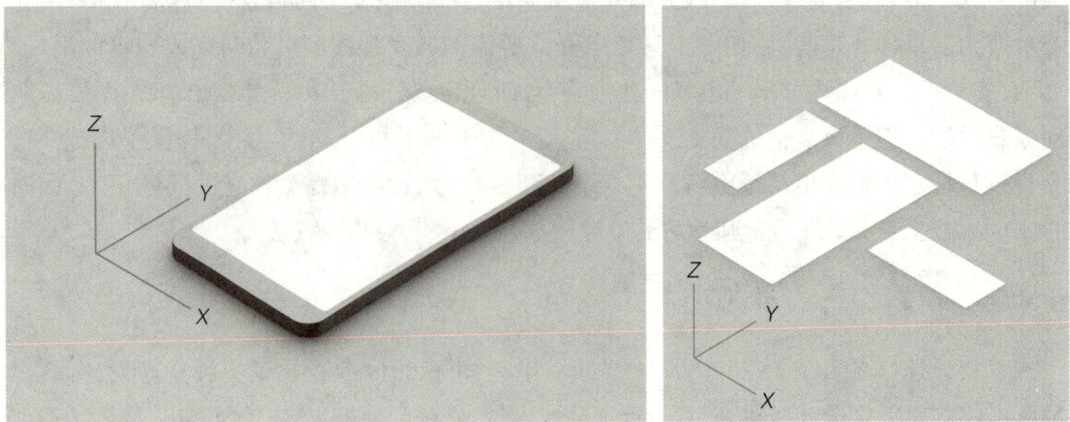

图 5-13　MD 的 3D 空间

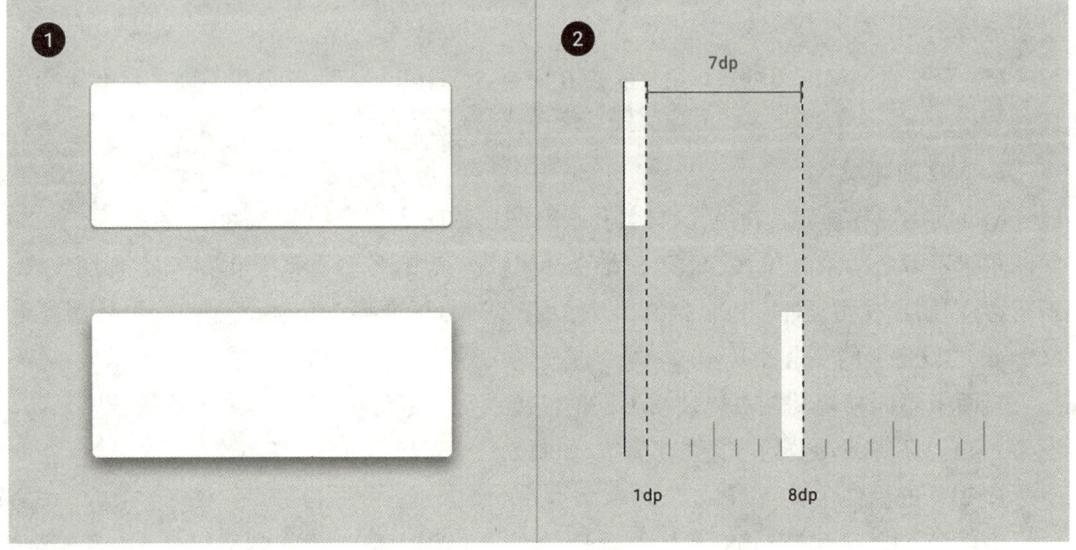

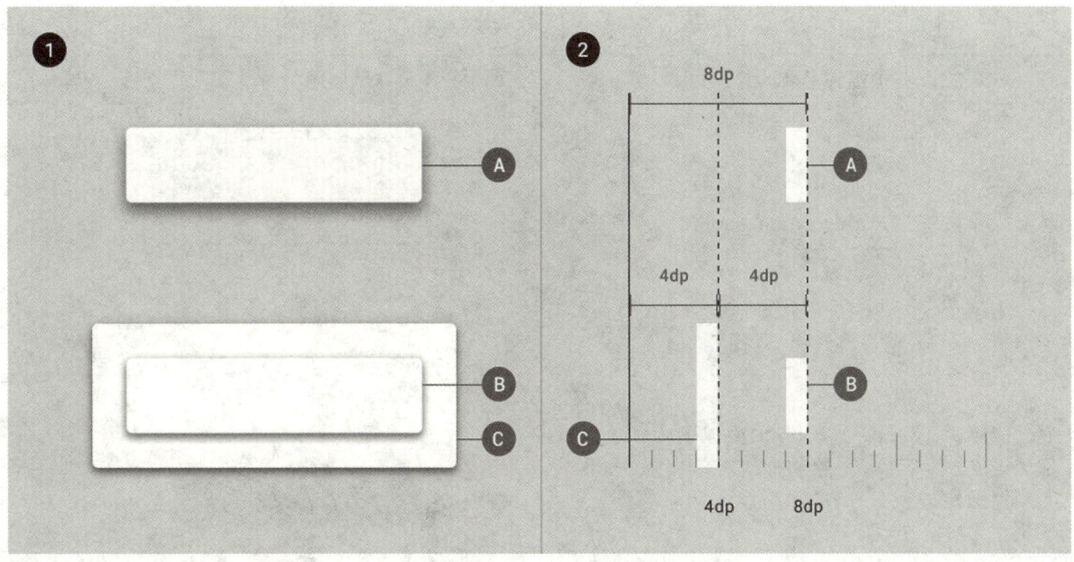

图 5-14 MD 的不同投影高度

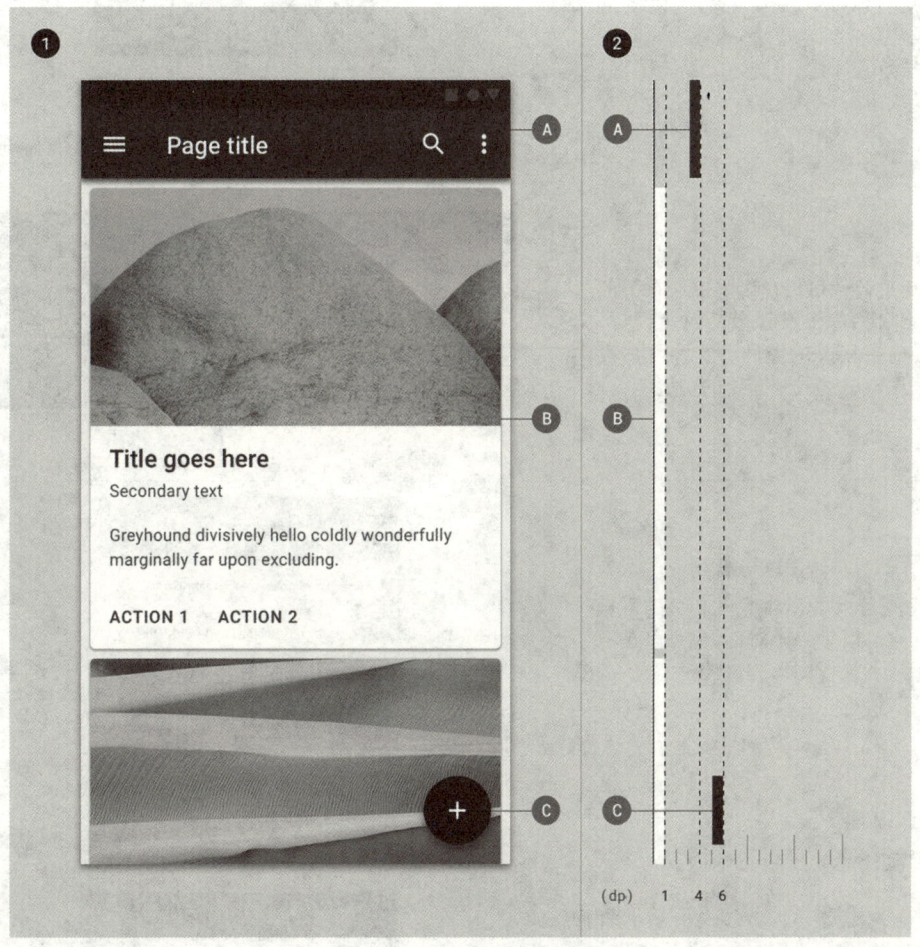

图 5-15 MD 投影效果

表 5-10 MD 典型组件

MD 典型组件名称	示例图
悬浮操作按钮（Floating action button, FAB）	
底部应用栏（App bars：bottom）由以下部分组成：①容器；②导航抽屉控制；③悬浮操作按钮（FAB）；④动作图标；⑤更多菜单控件	
顶部应用栏（App bars：top）由以下部分组成：①顶部容器；②抽屉式导航图标（可选）；③标题（可选）；④系统图标；⑤更多按钮	
背板设计（Backdrop）：①背板设计隐藏时，后层控件可以提供与前层有关的辅助信息；②背板设计激活时，后层会显示与前层相关的控件。这种可变设计便于用户迅速找到需要的功能	
横幅（Banner）：顶部栏下面的第一个凸显区域，显示突出的消息和相关的可选操作。它可以是一个对话，也可以是一个提示或者包含图形的设计	
底部导航（Bottom navigation）	

（续表）

MD 典型组件名称	示例图
卡片式设计(Cards)由以下部分组成：①卡片容器，容纳所有卡片元素，容器的尺寸由元素占据的空间决定；②缩略图(可选)，可以放置头像、图标和 Logo；③标题文字(可选)，通常是卡片中最重要的标题，一般文字较大；④小标题(可选)，可以放置文章署名或标记位置等信息；⑤多媒体(可选)，卡片可以包括照片和视频等各种媒体；⑥辅助文字(可选)，通常是对于多媒体的描述信息；⑦按钮(可选)；⑧图标(可选)	
纸片(Chips)：通常是输入框中多个元素的组合，纸片有选中态和交互态等丰富的交互	
分割线(Dividers)	
选项卡(Tabs)	

（续表）

MD 典型组件名称	示例图
复选框（Checkboxes）	
抽屉式导航（Navigation drawer）：①容器（可选）；②头部（可选）通常为用户个人信息；③分割线（可选）；④选中态；⑤选中态的文本；⑥没有激活的文本；⑦小标题；⑧底层界面（不可操作）	

4. 响应式布局栅格

MD 响应式布局栅格可适应手机和平板电脑等设备屏幕的不同尺寸和方向，确保各个布局的一致性。不同尺寸和方向上的布局要根据断点（预设屏幕尺寸范围）选择相应的布局方式。MD 4 列、8 列和 12 列栅格的布局可用于不同的屏幕、设备和方向。决定界面布局的 3 个基本要素是：①列（Columns）；②水槽（Gutters）；③边距（Margins）；如图 5-16 所示。

图 5-16 响应式布局栅格组成

建立列的时候要考虑整体的宽度,然后进行整除,所以无论是小型手机(断点范围 0~359 px)、中型手机(断点范围 360~399 px)、大型手机(断点范围 400~479 px),适用的列数都是 4 列,而平板电脑的断点范围则是在 600 px 以上,其适用的列数就是 8 列。界面内容被放置在包含列的屏幕区域中,列宽最好使用百分比而不是固定值来定义,以允许内容灵活地适应任何屏幕大小。水槽的宽度是每个断点范围内的固定值,为了更好地适应屏幕,水槽的宽度可以在不同的断点处改变,较宽的水槽更适合较大的屏幕,因为它们会在列之间产生更多的空白。比如在 360 px 的移动端界面上,水槽的宽度为 16 px,而在 600 px 的平板电脑上,这个水槽宽度就变为 24 px,如图 5-17、图 5-18 所示。边距是内容和屏幕两端之间的空白部分,与水槽类似,边距宽度定义为每个断点范围的固定值,较宽的页边距更适合较大的屏幕,因为它们会在内容周围产生更多空白如图 5-19、图 5-20 所示。在不同的屏幕上可以根据手指点击方便程度给予不同的边距作为安全距离,同时也可以解决列和水槽无

图 5-17 360 px 的移动端水槽宽度

图 5-18 600 px 的平板电脑的水槽宽度

图 5-19　360 px 的移动端边距　　　　　　图 5-20　600 px 平板电脑的边距

法被整除的一些情况。在响应式布局中,列的宽度是不变的,然而水槽的宽度是可变的,因此在设计时可以自定义布局栅格,以满足产品和各种设备尺寸的需求。注意,间隙和边距是灵活的值,在 MD 网格系统内不需要相等。MD 有在不同设备中的栅格系统建议,详情可登录 MD 官方网站查询。

5. 色彩

MD 中的配色强调大胆的色调与柔和的环境背景、深度的阴影、明亮的高光并存。通常选择主色和辅色来表现产品,并通过不同的方式将主色、辅色的明暗变化应用于界面。在配色时需遵以下 3 个原则。

① 严格分级:颜色需要体现哪些元素是交互式,交互式元素的突出程度及其与其他元素的关系。色彩与信息的逻辑关系相关,重要的元素应该使用更突出的颜色。

② 清晰可辨:文本和重要元素(如图标)在彩色背景上显示时应符合清晰度标准。

③ 品牌表现:通过展示品牌色彩来增强品牌风格,从而强化品牌。

6. 图标

图 5-21　图标折纸示意

MD 中桌面图标尺寸是 48×48 px,桌面图标建议模仿现实中折纸效果,每个图标都像纸张一样被切割、折叠和照亮。材料的材质坚固、折叠整齐、边缘清晰,材料通过微妙的高光和一致的阴影表现光照的效果,如图 5-21 所示。

图标的网格和关键线如图 5-22 所示。网格的目的是促进图标的一致性,为图形元素的定位建立清晰的规范。这种标准化的规范使系统灵活且有条理。关键线形状是网格的基础。

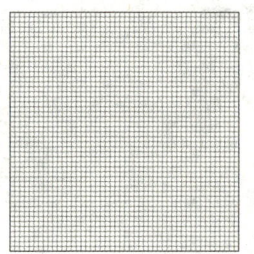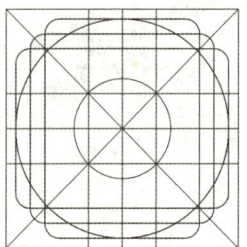

图 5-22　图标网格和关键线

系统图标优先使用 MD 的默认图标,如图 5-23 所示。在设计移动端产品功能图标时,应使用最简练的图形来表达,尽量不要带有空间感。图标应该留出一定的边距 2 px,保证不同面积的图标视觉显示一样大,如图 5-24 所示,左图阴影部分为图标绘制区域,而右图阴影部分相应地是绘制时需留出的空间。如果多个图标具有类似的逻辑层级且在界面同时出现,需注意图标的大小应尽量相等。

图 5-23 MD 默认图标

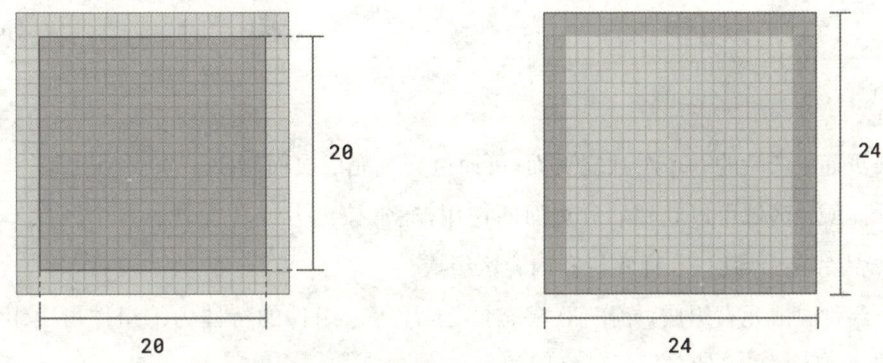

图 5-24 图标的安全区域

7. 文字

Roboto 和思源黑体是安卓系统的标准字体。Roboto 有 6 种字重:Thin、Light、Regular、Medium、Bold 和 Black。思源黑体有 7 种字重:Thin、Light、DemiLight、Regular、Medium、Bold 和 Black。

任务 5.2 设计核心界面的视觉要素

5.2.1 移动端界面的组成与设计要点

1. 界面组成

移动端 App 一般由十几到几十页不等的页面组成,主要包括引导页/闪屏、登录注册页面、首页、菜单导航、个人页、图片展示页、列表页、详情页、数据页、反馈页等。产品的图形界面由各种页面组成,每个页面又分为不同区域。区域由各类组件组合而成,组件由最基础的设计元素构成,如图 5-25 所示。

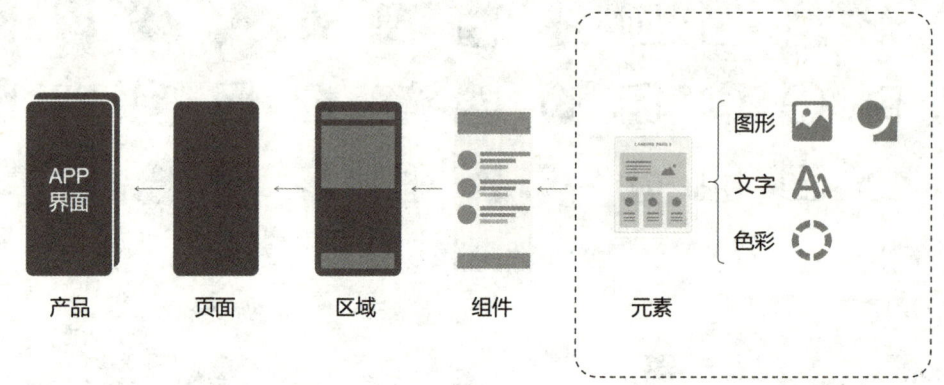

图 5-25 移动端界面的组成

(1) 页面:产品的一个个独立页面,可通过交互完成页面切换。

(2) 区域:区域可以起到划分页面的作用,通常按内容或功能划分各个区域。目前绝大多数产品都是由导航栏、标签栏和内容区组成。

(3) 组件:由元素组成,如按钮、模态框、卡片等。组件的特性为①组件可由组件复合成更复杂的组件;②组件必须是可复用的。

(4) 图形:这里的图形是泛指,包括图标、线条、形状、图片、视频缩略图、动图等。

(5) 文字:一般指文案和正文内容,泛指可通过代码进行编写的文字。

(6) 色彩:指界面的颜色搭配。

2. 界面布局

界面布局指通过引导用户的注意力完成含义、顺序和交互发生点的传达。布局和导航是产品的骨架,是页面的重要构成模式,是页面设计的基础,为产品奠定了交互和视觉风格。在实际的设计中,要考虑信息优先级和各种布局方式的契合度,采用最合适的布局,以提高产品的易用性和交互体验。

常见的移动端界面布局方式包括8种:列表式布局、宫格式布局、仪表式布局、卡片式布局、瀑布流式布局、画廊式布局、手风琴式布局和多面板式布局,如图5-26所示。

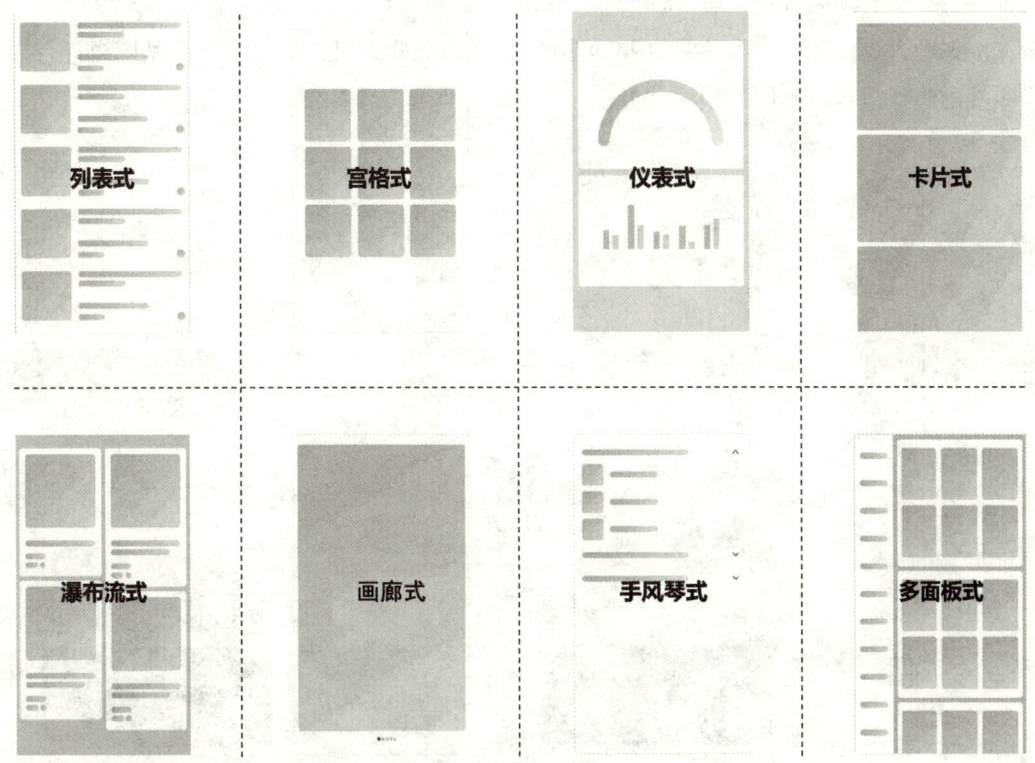

图5-26 界面布局方式

不同的布局方式有不同的适用场景。

① 列表式:常用于并列元素的展示,包括目录、分类、内容等。

② 宫格式:适合较多入口且各模块相对独立的展示。

③ 仪表式:适合表现趋势走向的展示。

④ 卡片式:适合以图片为主单一内容浏览型的展示。

⑤ 瀑布流式:适用于实时内容频繁更新的情况。

⑥ 画廊式:适合数量少、聚焦度高、视觉冲击力强的图片展示。

⑦ 手风琴式:适用于有两级结构的内容,并且该方式下二级结构可以隐藏。

⑧ 多面板式:适合分类多且内容需要同时展示的情况。

总而言之,界面布局时应首先牢记产品的业务目标,其次分析信息优先级,然后分析用户核心行为,最后考虑浏览模式。务必依据具体需求选择合理的界面布局方式。

3. 模块化设计和卡片式设计

页面的最小拆分元素是图形、文字、色彩。由于移动端页面具有重复性，所以需要将这些元素组合成模块，再利用模块组合成区域，最终形成各种界面样式。采用模块化设计可以保证交互和设计风格的一致性。当界面中状态较多时，模块化设计也可以让界面状态更完善，避免遗漏，提高设计效率。同时模块化也更适用于产品的修改和迭代，便于维护和协作。例如个人页一般有个人信息区和功能区，根据常见样式可以拆分为 4 个基础组件，再由这些基础组件组合成不同的模块，如图 5-27 所示。

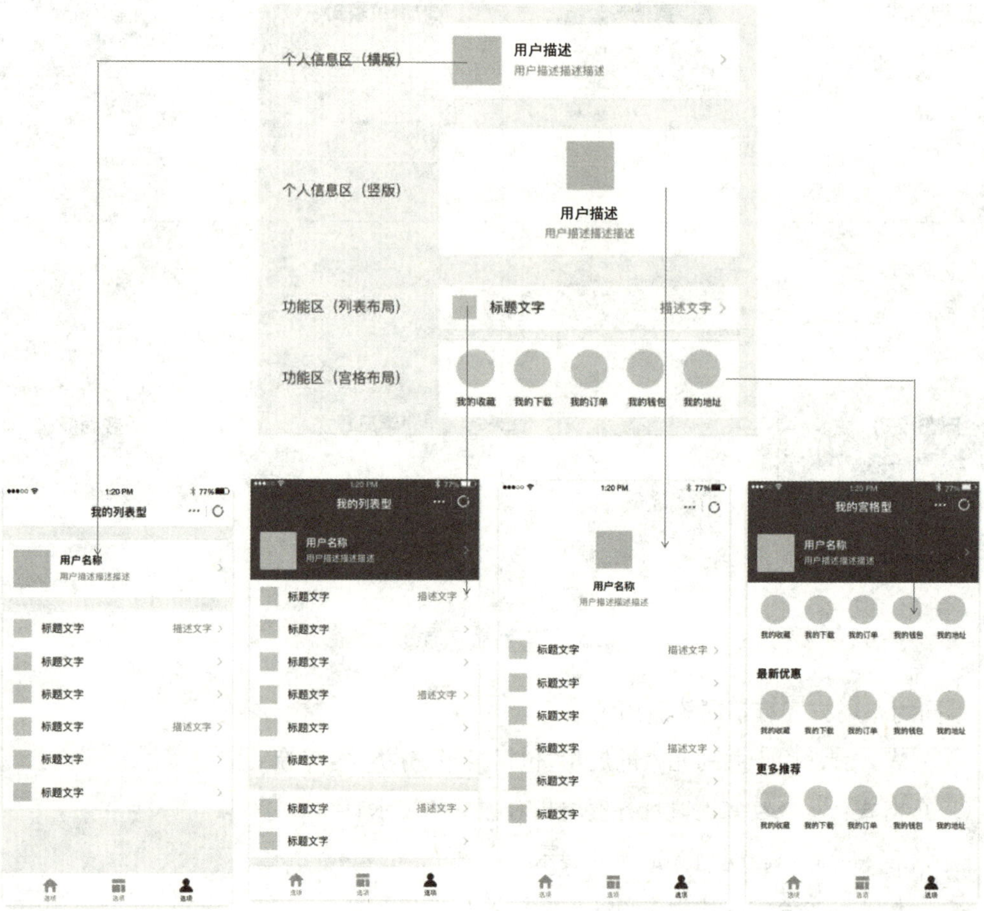

图 5-27　界面的模块化设计

界面视觉设计五要素

4. 界面的视觉设计要素

界面的视觉设计不仅需要考虑组件的基础元素（图形、文字、色彩），还要考虑文字和空间元素。前文已对相关内容作了较详细的介绍，此处仅以思维导图（图 5-28）的形式进行梳理，不再赘述。

项目 5 视觉设计规范与应用

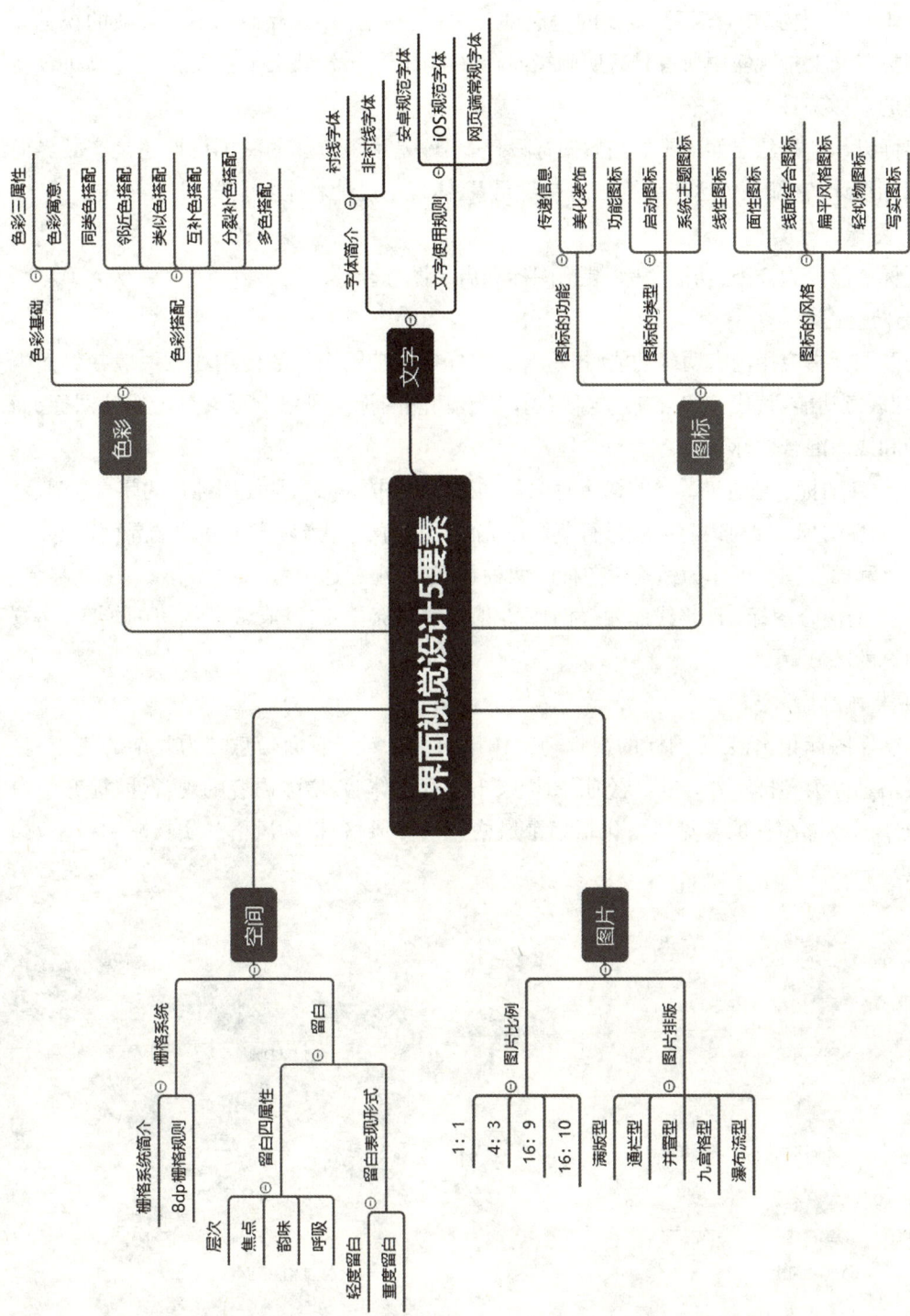

图 5-28 界面视觉设计 5 要素

5.2.2 图标设计与操作技巧

在 UI 设计体系中,图标是重要的组成部分之一,是任何 UI 界面都不可或缺的视觉元素。图标广义上指现实中所有具有明确指向含义的图形符号,狭义上主要指在计算机设备界面中的图形符号。

界面设计中技法层面最难的当属图标设计,不论是手机主题的图标设计还是产品界面中的图标设计,它都是传达产品风格的首要元素,体现了设计者能力上限。

1. 图标的分类

图标一般分为 3 类:功能图标、装饰图标和启动图标。

1) 功能图标

功能图标指应用内有明确功能、提示含义的标识。功能图标的使用场景一般在界面内部,起到表意功能,替代文字或辅助文字的作用。功能图标在风格上可以分为线性图标、面性图标和线面混合图标。

① 线性图标:是通过线条的描边轮廓勾勒出来的图标样式,常使用纯色的闭合轮廓。

② 面性图标:即对内容区域进行色彩填充的图标样式。当应用于移动端界面内部时,线性图标和面性图标可作为标签栏图标的两种状态(常规和选中)。

③ 线面混合图标:即将线面融合创作的混合型图标样式,既有线性描边的轮廓,又有色彩填充的区域。

2) 装饰图标

与功能图标相比,装饰图标的视觉辅助作用更多。对于页面信息较为复杂的应用,除了需要信息分级和排序外,还需要使用图标来丰富视觉体验,增强内容的观赏性,提升用户决策效率。装饰图标的常见风格包括扁平风格、2.5D 风格、拟物风格和实物贴图风格,如图 5-29 所示。

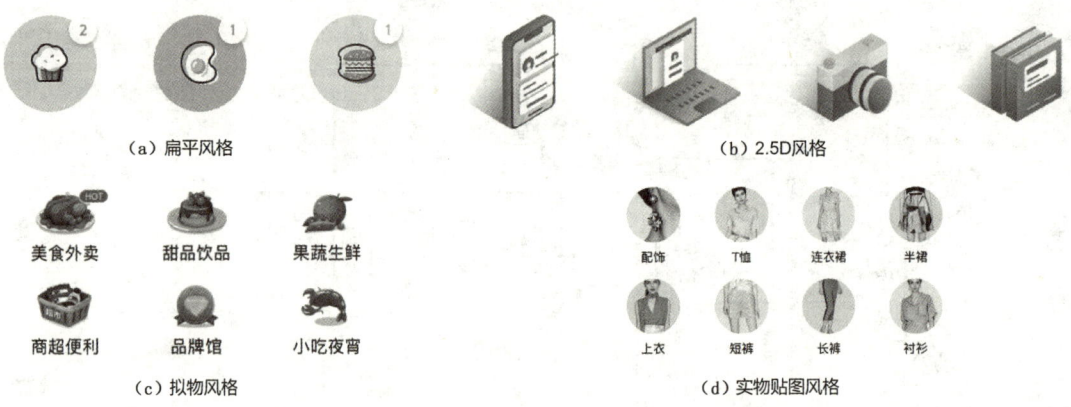

图 5-29 装饰图标的不同风格

① 扁平风格：指扁平插画的设计风格。该风格除了使用纯色填充外，还与鲜亮的线条结合，更富趣味性。

② 拟物风格：指在绘制时模拟现实物品的造型和质感，通过叠加高光、纹理、材质、阴影等效果，对现实物品进行适当程度的变形和夸张的描绘以再现的设计风格。在视觉表现上有轻拟物、轻质感、写实风格等类型。

③ 2.5D 风格：指偏卡通、像素画的扁平设计风格，在一些非必要的设计环境中，2.5D 风格更容易搭配主流的界面设计风格，具有更强的趣味性和层次感。

④ 实物贴图风格：指还原真实物体的设计风格，广泛应用于生鲜类、电子产品类电商平台。

3）启动图标

启动图标也称作应用图标，指可通过双击、单击打开某个应用程序。启动图标常见设计形式包括文字形式、图形形式、几何形式、插画形式、拟物形式、拟人形式，如图 5-30 所示。

① 文字形式：提取产品名称中最具代表性的单个（或两个）文字、数字、英文、符号等，进行字体设计。也可以将品牌 Logo 做成启动图标。

② 图形形式：通常采用工具图标进行设计，适用于可利用简单图形传达主要功能的工具类 App。

③ 几何形式：主体图形经过高度抽象化的图标形式，传达的是品牌性，而不是图形的含义。

④ 插画形式：采用卡通形象作为图标主体进行设计，常用于读本、漫画、幼儿类 App。

⑤ 拟物形式：将图标内容与现实生活中的物品联系起来，设计成拟物形式，常用于播放器、导航、文字与图片编辑类 App。

⑥ 拟人形式：通过对接近圆形或构图饱满的图形添加眼睛等元素，可以使整个图标拟人化，进行情感表达，让产品更容易被用户接受。

图 5-30　启动图标的不同形式

2. 图标的设计原则

功能图标包括表意准确、美观度、风格统一三大设计原则。启动图标包括可识别性、差异性、延续产品界面、慎用白色背景、突出品牌、色彩鲜活、使用栅格线、多场景测试八大设计原则。

3. 图标设计的必备技能

UI 设计的常用软件包括 Photoshop、Illustrator、Sketch、XD 等，这些软件都具有图标绘制的功能。Sketch 和 XD 是设计 UI 界面的主力，它们的主要功能是完成 UI 界面元素的排版，而不是创作和绘图。尽管 Sketch 和 XD 都包含路径、钢笔、布尔运算等绘制功能（Sketch 相对 XD 更完善），但只能绘制基础的线性或面性图标，较难完成复杂的图形、渐变等创作。本书建议 UI 设计初学者，优先掌握 Photoshop 和 Illustrator，在熟悉使用了 Photoshop 和 Illustrator 之后，再学习 Sketch 和 XD。

Photoshop 是一款位图软件，因此，在实际操作中通常将 Illustrator 中的矢量图形拷贝至 Photoshop，然后添加图层样式，完成各类风格样式的设计。利用 Photoshop 绘制图标时需要掌握的技能有路径创建和调整、钢笔工具和锚点、路径图层、布尔运算、图层样式、蒙版和智能对象。

Illustrator 的功能丰富，在设计矢量图形方面表现优异。利用 Illustrator 设计图标时需要重点掌握的技能有形状生成器、轮廓化描边和路径查找器。同时搭配布尔运算可以完成各种风格的图标设计。

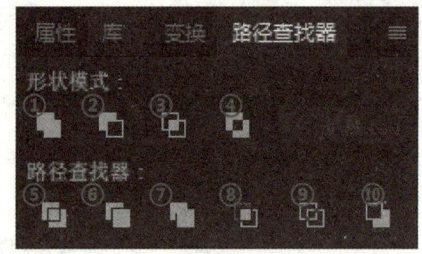

①—联集；②—减去顶层；③—交集；④—差集；
⑤—分割；⑥—修边；⑦—合并；⑧—剪裁；
⑨—分割；⑩—减去后方对象

图 5-31 Illustrator 中布尔运算

利用 Photoshop 和 Illustrator 设计图标时都需要掌握布尔运算。布尔运算是数字符号化的逻辑推演法，包括联合、相交和相减。在图形处理操作中引入这种逻辑运算方法使简单的基本图形组合成新的图形，并促进了二维布尔运算发展到三维图形的布尔运算。

Illustrator 中提供了 10 种布尔运算的换算方法：联集、减去顶层、交集、差集、分割、修边、合并、剪裁、分割、减去后方对象，如图 5-31 所示。其中编号为⑤的"分割"指分割形状重合部分，形成单独形状。编号为⑨的"分割"指去除所有形状的填充与描边，并在形状交接的地方进行分割。

Photoshop 中提供 5 种布尔运算的换算方法：合并形状、减去顶层形状、与形状区域相交、排除重叠形状、合并形状组件，如图 5-32 所示。合并形状和合并形状组件的区别是合并形状后其中的路径仍然可以挪移、修改，而合并形状组件后路径全部合并，只能通过锚点的增删对路径进行调整，无法拆开移动。

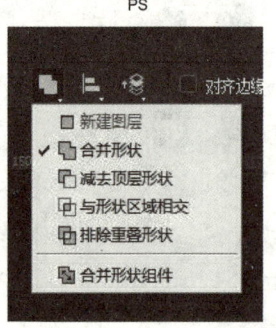

图 5-32 Photoshop 中的布尔运算

4. 图标的应用

在 UI 设计中，图标不是孤立存在的，而是要在真实的项目中发挥作用。图标的使用场景如图 5-33 所示。

图 5-33　图标的使用场景

（1）功能入口：作为流量分发的出口，需强化在图标的体量感，使其足够突出。
（2）底部标签式导航：常驻底部，可适当弱化图标的体量感。
（3）列表流：处于次重点，图标在视觉上次突出。
（4）网格布局：处于次重点，图标在视觉上次突出。
（5）标题点缀：处于次重点，图标在视觉上次突出。
（6）辅助/装饰：用于辅助装饰，图标在视觉上要最弱。
（7）活动入口：主推的活动入口，图标需引人瞩目。
总而言之，无论是全局页面还是单个页面，根据产品功能的优先级由高到低或内容需求由主到次,图标也应相应地由重到轻,一般来说,面性图标＞线面混合图标＞线性图标。

任务 5.3　i 深职界面视觉设计实践

5.3.1　设计前工作准备

进行 i 深职界面设计前需要做好相关准备(以 iOS 为例)。

(1) 设计工具：Sketch 或 Photoshop(本节案例演示使用 Adobe Photoshop CC 2021 版本)、Illustrator、XD 参照执行。

(2) 文件管理：合理规划好设计版本,进行明确的文件归档工作,有助于提高设计师的工作效率。

(3) iOS 基础规范：中文为 PingFang SC；英文为 San Francisco。

(4) iOS 设计稿尺寸：绘制设计稿时,使用的软件不同,设计稿的优选尺寸也不同。

当使用 Sketch 设计时,推荐画布尺寸为 390×844 pt,开发人员在 Xcode 软件中也使用相同尺寸。导出的@2×图适配于 iPhone 6/6S/7/7S/8、iPhone SE/XR；导出的@3×图适配于 iPhone 6 Plus/7 Plus/8 Plus、iPhone X/11/12/13。

当使用 Photoshop 设计时,推荐画布尺寸为 780×1 688 px。导出原尺寸图片并加后缀 @2× 的图,适配于 iPhone 6/6S/7/7S/8、iPhone SE/XR；导出 1.5 倍原尺寸图片并加后缀 @3× 的图,适配于 iPhone 6 Plus/7 Plus/8 Plus、iPhone X/11/12/13。

(5) iOS 字号规范：从视觉效果上看,文字在不同的场景有不同的优选字号。以下为常见场景下的字号使用建议。

① 导航文字——34～38 px；
② 标题文字——28～34 px；
③ 正文文字——26～30 px；
④ 辅助文字——20～24 px；
⑤ 标签栏文字——20 px。

注意,以上字号规范并不是硬性规定,设计者可根据实际项目需求酌情使用。

(6) iOS 应用图标尺寸：推荐尺寸为 1 024×1 024 px,然后根据应用场景逐级缩小。

(7) 界面适配：程序内部界面通过写成自适应界面可以很好地适配各种机型；特别是对于全面屏的机型,需要覆盖其界面,如闪屏、启动页、引导界面、插画页面等。非全面屏的其他机型按照各机型的设计尺寸整体放大或缩小后输出对应的切图即可。

5.3.2　具体实施步骤

1. 制作启动图标

在设计启动图标时通常会使用 iOS 提供的图标栅格,以规范图形的尺寸及所处的位置和比例，如图 5-34 所示。由于屏幕分辨率和使用场景均有差异，一般默认使用 1 024×1 024 px 的尺寸设计启动图标，这个参数在 iOS 和安卓中都适用。图标的应用场景包括应用商店、列表、通知栏、主屏启动等，不同平台不同场景下的图标尺寸规格也不同，如图 5-35 所示。

只需要设计第一个 1 024×1 024 px 规格的图标，然后将该图标置入 Photoshop 的智能对象或者 Sketch 的 Symbol 中，就可以一次性生成所有尺寸，而不需要设计师手动调整各种规格的图标输出。注意，在实际项目中，只需要提交正方形的图形即可（有特定需求除外）。应用商店会"自动"对该图形进行裁切，生成符合系统的圆角图标。如果要预览启动图标的真实效果，将启动图标置入 PSD 模板即可。

图 5-34　启动图标栅格　　　　图 5-35　启动图标使用场景

下面介绍如何在 Illustrator 中设计产品的启动图标。

（1）建立 1 024×1 024 px 的画布。将图标栅格放入图层 1 中，然后将 i 深职的 Logo 导入图层 2 中，如图 5-36 所示，最后将图层 1 命名为"栅格线"并锁定图层。

图 5-36　建立画布

(2)设置导出图片的格式。点击"文件"→"导出"→"导出为多种屏幕所用格式"(或使用快捷键"Alt + Ctrl + E"),在弹出对话框中选择要导出的画板,系统给出了 iOS 和安卓两套预设,也可以点击"添加缩放"手动添加,格式可以选择 PNG、SVG、PDF 等多种。点击"导出画板"后,在选定的存放文件夹中会生成相应尺寸的图标文件。注意,Illustrator 中默认绘制的是图标的一倍图,如果需要绘制二倍图或其他多倍图可在导出对话框中设置缩放,如图 5-37、图 5-38 所示。

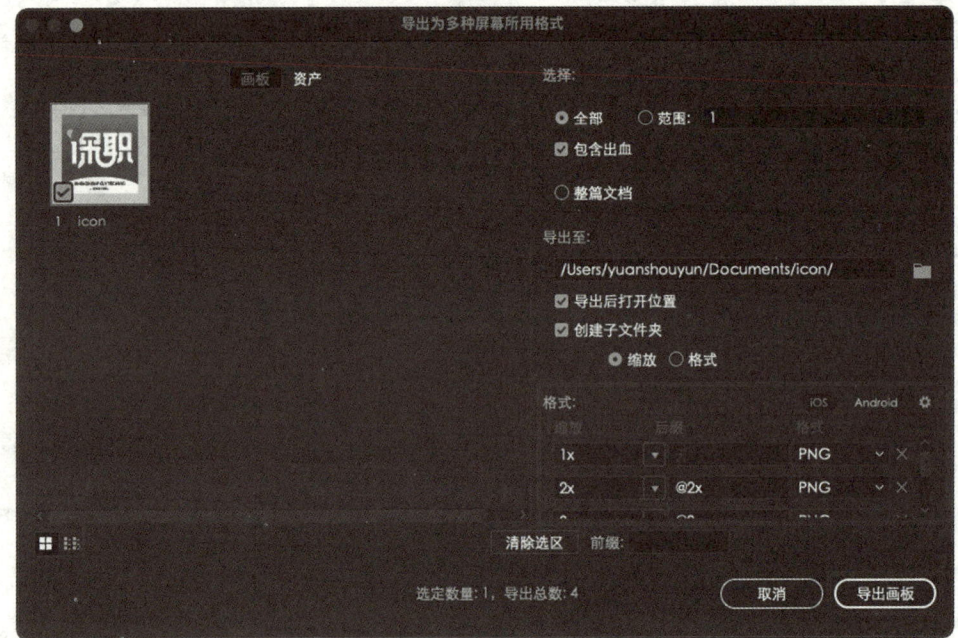

图 5-37 图标导出设定

图 5-38 图标导出结果

2. 制作功能图标

功能图标一般都在界面内,主要分布在标签栏、导航栏、金刚区(指界面的核心功能区)、个人页中。一级页面中的功能图标均需体现产品风格和定位。功能图标的设计流程为发散关键词→展开联想→对具象元素进行头脑风暴→隐喻/比喻→轮廓提取→调整比例→增加细节。在快速绘制多个功能图标后,进入视觉规范阶段。首先确保图标轮廓表意准确,然后确定图标比例、视角、圆角、断口、线条粗细、倾斜角度、光影角度、投影数值等规范,遵循统一性原则。在这个阶段还需注意几何图形的视觉差,不同的几何图形在视觉上大小也有所不同,因此要对图形尺寸做额外调整。在一个图形的内部也会产生影响,如图5-39 所示。

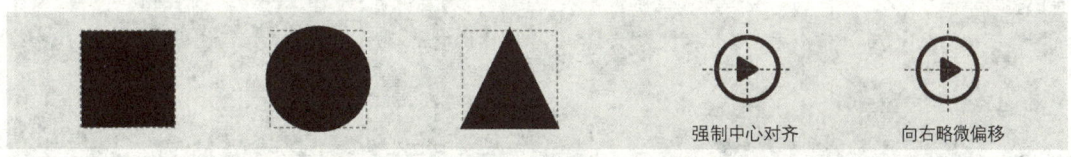

图 5-39　几何图形视觉差

以 iOS 界面中底部标签栏的功能图标尺寸(44×44 px)为标准制作功能图标栅格,如图 5-40 所示。在 Illustrator 中此步骤可省略。栅格线绘制完成后即可开始制作功能图标。

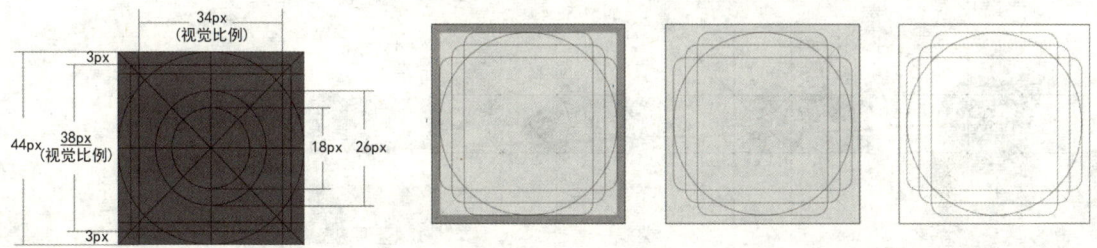

图 5-40　iSO 图标栅格线

接下来以 i 深职首页标签栏中的 4 个图标作为演示案例,讲解如何在 Illustrator 中设计功能图标。

(1) 新建 48×48 px 文件,画板填"8",列数填"4"。新建图层,图层 1 命名为"栅格线",图层 2 命名为"图标"。将绘制好的栅格线导入图层 1,并锁定图层(最后导出请记得隐藏此图层)。

(2) 在 1~4 画板中分别设置描边 2 px、不填充,绘制线性图标"公文审批""我的待办""深职通码""办公邮件"图标,如图 5-41 所示。

3. 制作启动页和登录页

在制作启动页和登录页之前需要了解 App 启动流程,如图 5-42 所示。

图 5-41　功能图标制作

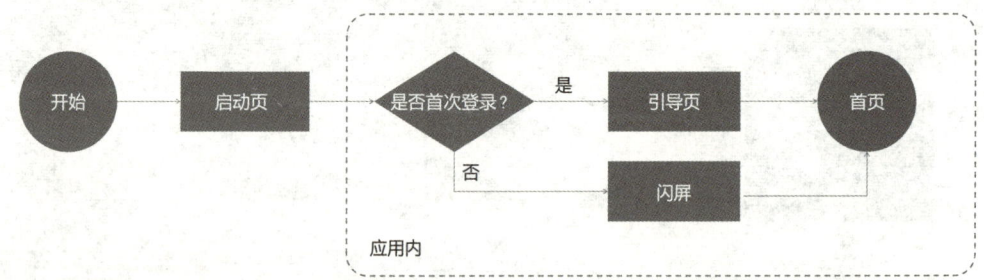

图 5-42　App 启动流程

在点击 App 启动图标之后，首先出现的是启动页。即用户在触发应用时立即显示在屏幕上的页面，并且很快就会被应用的第一个页面替换。启动页不建议进行视觉传达，其目的只是为了增强应用的视觉感知，完成启动即用的操作。

启动页是为增强品牌形象或提升用户友好度而添加的页面。目前该页面成为很多 App 进行品牌、广告、活动的展示页面，展示方式有静态图片、动态图片、动画等，如图 5-43 所示为启动页与闪屏。

图 5-43　i 深职启动页＋闪屏

引导页指用户安装或更新后首次启动时展示的数个页面，常用于介绍应用的核心概念、功能玩法、使用场景和核心变更。一般有左右滑动切换页面的交互方式，最后一页设置进入页面的操作按钮。

1）制作闪屏

闪屏设计的目的是告知产品定位，最常用的设计方法是使用品牌元素（Logo、Slogan、IP形象、品牌色等），强化用户对品牌的认知。而启动页的内容可以增加活动展示或节日内容，画面以静态图片或简单动效为宜。以下为在 Photoshop 中设计启动页的具体步骤。

（1）单击"创建"按钮，新建尺寸为 780×1 688 px 的画板。

（2）新建图层，并将其命名为"背景"，填充白色。

（3）将 i 深职的 Logo 导入 Photoshop 中，转成智能对象，图层命名为"Logo"。

（4）调整 Logo 大小，制作完成。

2）制作登录页

登录页内容分为产品符号（标志/吉祥物）、主登录路径和辅助登录路径。在视觉设计上，最常规的方式是将产品符号置于主登录页面。这种设计方式的优势是在视觉传达上更简洁高效。另外还可以将背景填充为品牌的主色调，加深用户对产品的记忆；也可以将背景设置为图片或者视频形式，这种做法带给用户的视觉冲击力较前者更强，能更好地吸引用户注意力。

登录页在交互细节上需要注意：手机号码的分布方式为 344；输入时弹出对应的输入

键盘;输入时显示"清空"图标;隐藏/显示"输入密码"图标;设置"忘记密码";设置登录失败的错误反馈。

以下为在 Photoshop 中设计登录页的具体步骤。

(1) 单击"创建"按钮,新建尺寸为 780×1 688 px 的画板。

(2) 新建图层,并将其命名为"背景",填充白色。

(3) 制作主登录页面。页面中包括标题、手机号文本输入框、密码文本输入框、登录按钮、忘记密码等基本元素。注意,用户很容易忘记密码,因此"忘记密码"的文字放置在登录按钮右下方、对齐,起强调作用。文本框未点击时,有灰色文字提示填写相关内容。按照 iOS 规范设置字体、字号、间距等内容,此处不做详细参数展示。

(4) 为了增加用户黏性,提供游客登录模式。将 QQ、微信或第三方图标导入文件,并制作图标的说明文字。图标和对应的说明文字居中对齐,三组图标文字间距相同,放置在页面底部。用户协议、隐私协议模块放置于文字下方。基本登录页面的制作过程如图 5-44 所示。

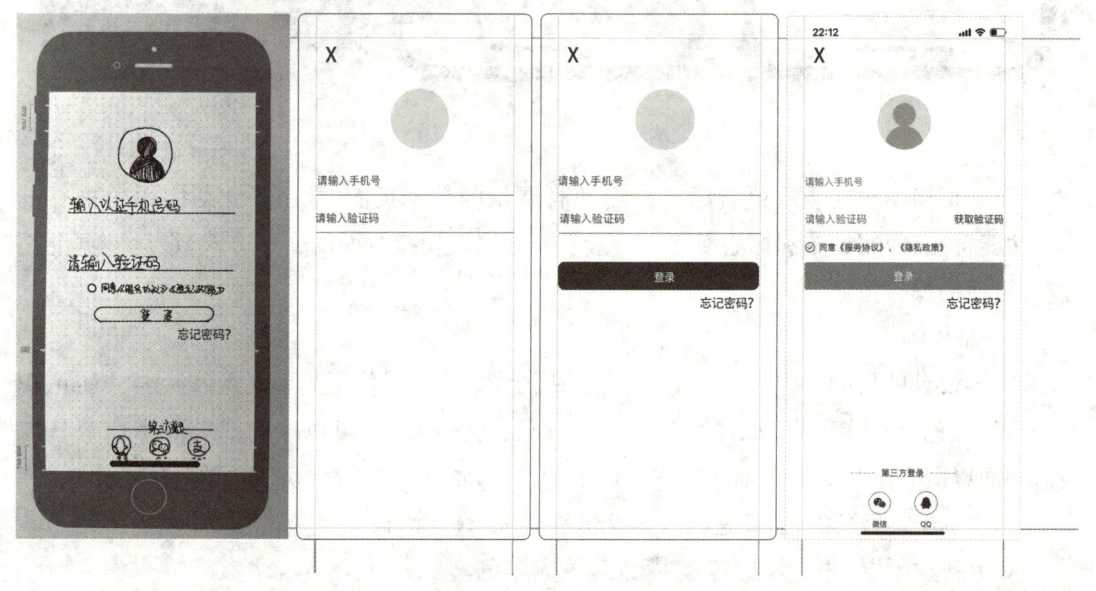

图 5-44　登录页制作

(5) 在制作登录页时,还需注意:文本输入框需要做未激活状态和激活状态两个图层;当输入框被激活时,须有颜色反馈。如果用户不是初次登录,可以选择一键登录;当手机无网络时,登录页面还需有弹窗提示;还有密码登录页面、验证码登录页面(图 5-45)、找回密码页面等,此处不再详细演示制作过程。

此外,结合具体的展示性闪屏设计,在内容设计上应合理融合党的二十大精神,例如:实施公民道德建设工程,弘扬中华传统美德,加强家庭家教家风建设,加强和改进未成年人思想道德建设,推动明大德、守公德、严私德,提高人民道德水准和文明素养。统筹推动文

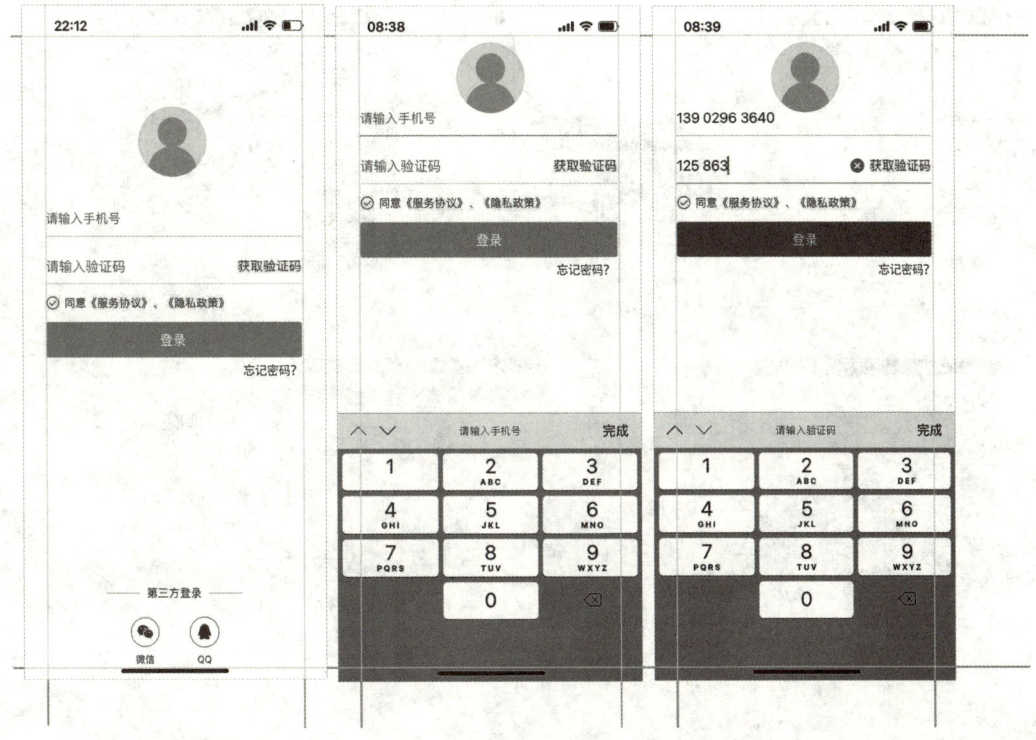

图 5-45　i 深职验证码登录页面制作

明培育、文明实践、文明创建，推进城乡精神文明建设融合发展，在全社会弘扬劳动精神、奋斗精神、奉献精神、创造精神、勤俭节约精神，培育时代新风新貌。加强国家科普能力建设，深化全民阅读活动。完善志愿服务制度和工作体系。弘扬诚信文化，健全诚信建设长效机制。发挥党和国家功勋荣誉表彰的精神引领、典型示范作用，推动全社会见贤思齐、崇尚英雄、争做先锋。

4. 制作首页

制作首页前需要熟悉网格系统。网格系统是利用一系列垂直和水平的参考线，将页面分割成若干个有规律的列或格子，再以这些格子为基准，控制页面元素之间的对齐和比例关系，从而搭建具有高度秩序性的页面框架。网络系统将页面中所有的设计元素高效有序地组织起来，从而让整个设计具有高度的一致性和规律性。网格系统主要由单元格、外边距、列、水槽、横向间距组成，如图 5-46 所示。在 App 中使用网格系统，首先要定义最小单元格的尺寸，通常选择 4～10 内的某个偶数。其中，4、6、8、10 都基本可以满足适应性需求。页面里所有的间距（包括水槽、外边距、横向间距等）、组件尺寸等都需要是最小单位的整数倍，以达到统一视觉节奏的目的。假设最小单元格的尺寸为 8 px，那么所有用到的间距尺寸将会是 8 px 的整数倍，如图 5-47 所示。

此前最常用的画布尺寸是 750×1 334 px，但是在这个尺寸下以 8 px 为最小单元格时，画布是无法被整除的，即当宽度为 750 px 时，除去所有外边距和水槽后，每个列宽实际

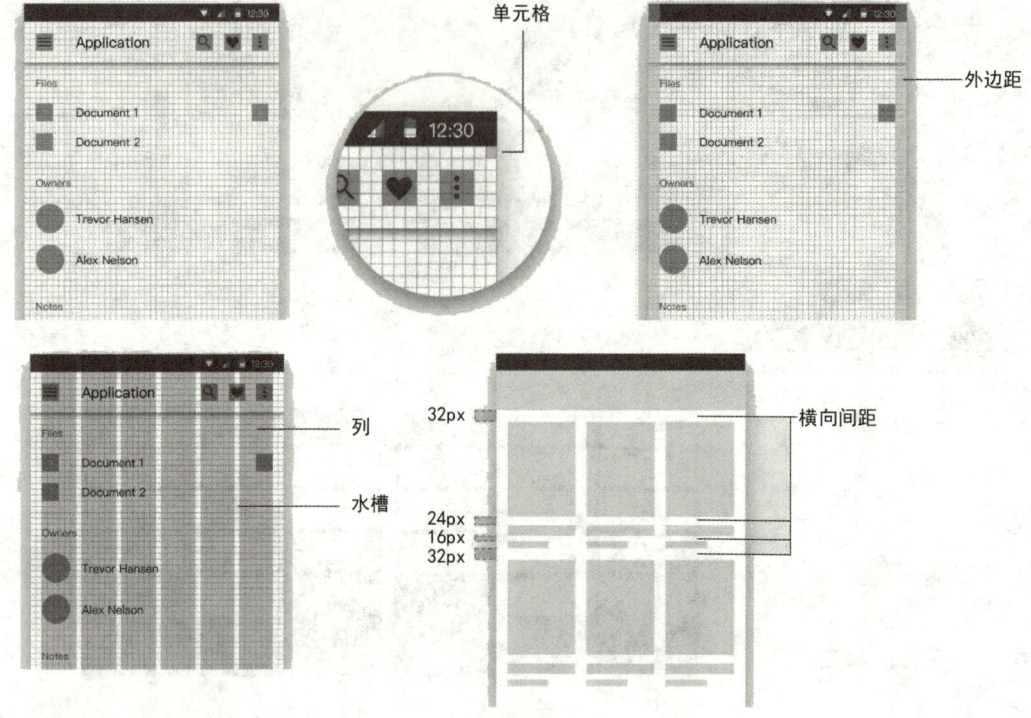

图 5-46 网格系统的组成

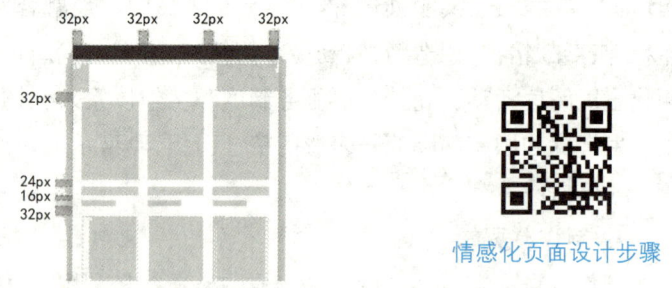

图 5-47 与最小单元格尺寸为 8 px 时的其他间距尺寸

情感化页面设计步骤

为 42.5 px。这属于正常现象,没有哪一套网格系统,在任何屏幕分辨率下都能整除。但同样是 8 px 单元格,在 780 px 的屏幕宽度下就能实现整除,如图 5-48 所示,此时每个列宽为 45 px。所以只需要保证提供给研发人员的数值遵循网格系统规律即可,根据 App 的实际情况选择合适的数值,而 8 px 适用场景很广,适合大多数 App,因此较为推荐;4 px 或 6 px 更适用于页面内容信息较多,布局排版比较复杂的产品,例如淘宝、考拉海购等电商类 App。i 深职主页面如图 5-49 所示。

项目 5　视觉设计规范与应用

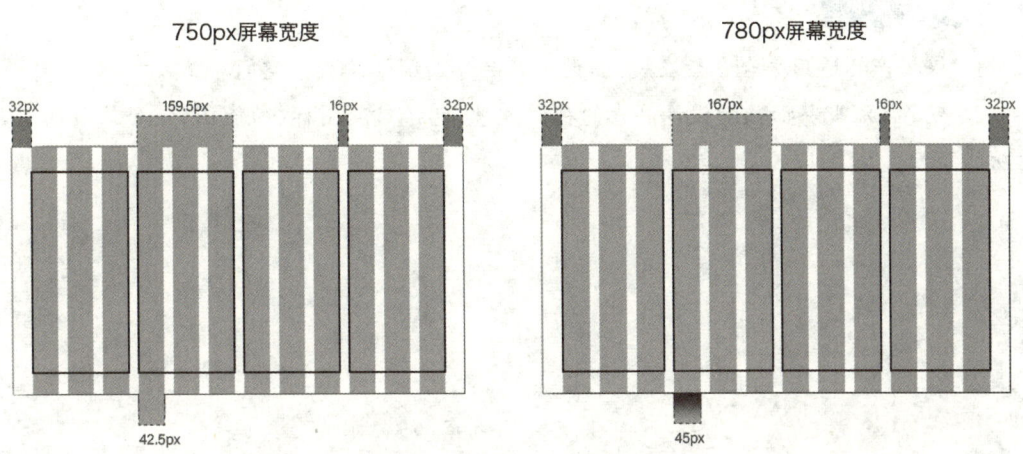

图 5-48　网格系统整除示意图

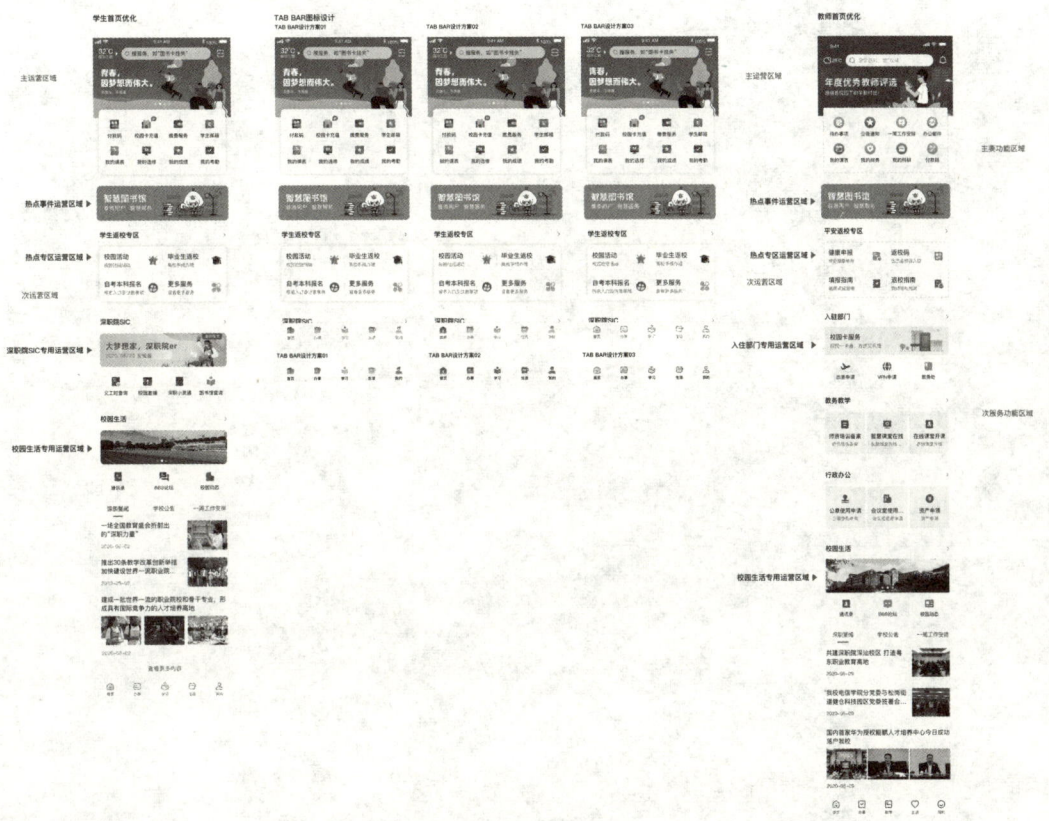

图 5-49　i 深职主页面

项目实训

1. 根据产品适用平台参数及规范,设定产品界面视觉构成与空间布局。
2. 完善i深职界面核心设计要素的视觉效果,包括启动图标、功能图标、登录页面及其他功能页面。

原型制作与交付

课时

12 学时

项目描述

在本项目的学习中,学生应熟练掌握 Axure RP 的各项操作,特别是如何在热区、动态面板和内联框架等元件上制作关键原型,确保能够独立完成高保真原型制作。其中动态面板涉及图片轮播、界面上下滑动和左右拖动等较为复杂的交互设置,能强化练习学生的逻辑思维能力。完成原型制作后需要按照开发规范进行切图、标注和交付文档整理,这个环节的工作内容虽然琐碎但要求严格,如文件命名系统要求全英文且严格按照规范,学生需要反复练习直到熟练掌握。在实践整个工作流程的过程中,学生由依靠教师引导逐步实现独立操作,提高自身计算机专业素养和全流程设计能力。

学习目标

知识目标	1. 了解当前主流的原型设计工具软件
	2. 了解原型设计中的主流的关键技术
	3. 清楚 Axure RP 中交互编辑器的工作逻辑
	4. 清楚产品开发环节对接要求和产品交付要求
能力目标	1. 掌握 Axure RP 的软件操作能力
	2. 能够运用元件库制作交互原型中的轮播图、滑动效果、外联框架等交互效果
	3. 能够完成产品交付要求的标注与切图
	4. 具备交付文档的整理与迭代能力
素质目标	1. 培养专业严谨的工作态度和精益求精的工匠精神
	2. 培养科学严密的理性思维逻辑,具备与工作流程中的团队成员良好的沟通能力与协调的团队合作意识

任务 6.1 制作高保真产品原型

6.1.1 Axure RP 与原型制作有关的操作

Axure RP 是美国 Axure Software Solution 公司出品的一款快速原型软件。Axure 的使用群体除了产品经理和交互设计师外,还包括商业分析师、信息架构师、可用性专家、IT 咨询师、定制化开发的售前人员等,运用场景丰富。本任务案例中使用 Axure RP 9,该版本支持 Windows、macOS 操作系统。Axure RP 9 的界面如图 6-1 所示。

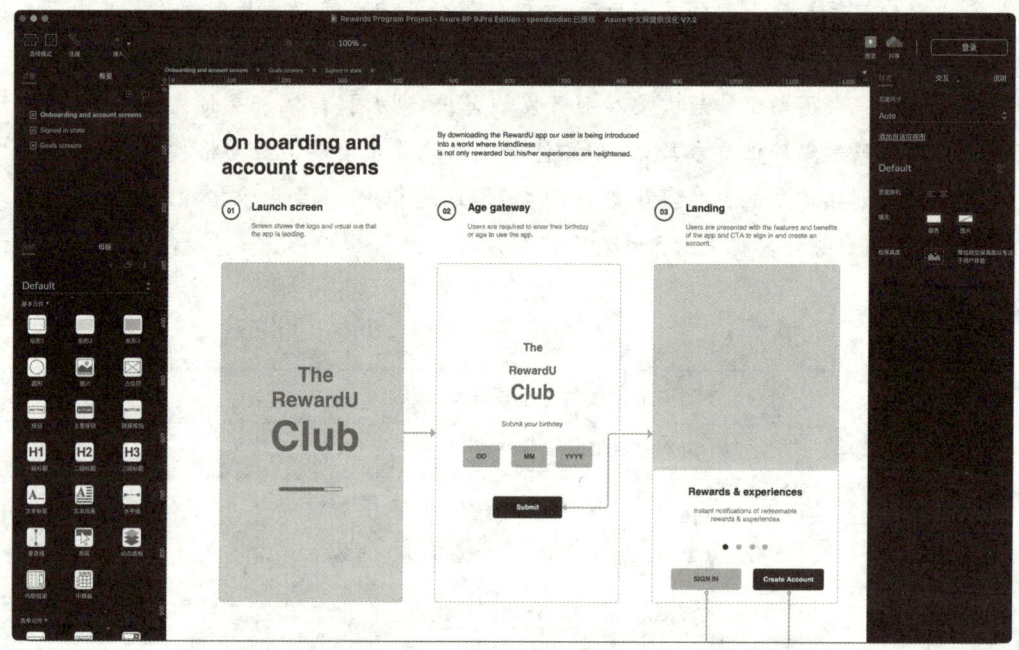

图 6-1　Axure RP 9 界面

1. Axure RP 的界面组成

(1) 菜单栏：Axure RP 9 中顶部的菜单栏包括文件、编辑、视图、项目、发布、3D、账户、窗口和帮助等菜单命令,Axure 中所有的操作命令、调节及功能面板开关都可以在对应的菜单命令中找到。工具栏默认在菜单栏下方,包括选择模式、连接、插入、层调节、组合、显示比例、对齐方式以及预览、共享、登录按钮,如图 6-2 所示。

(2) 页面：管理文件中所有页面,如图 6-3 所示,可以实现页面与页面文件夹的添加、删除、排序和调整层级等操作。

图 6-2 Axure RP 9 工具栏

(3)概要：管理文件中具体页面的所有元件，如图 6-4 所示，可以实现元件的精准选择、调整层级、筛选、排序以及右键菜单中的相关操作。

图 6-3 页面面板

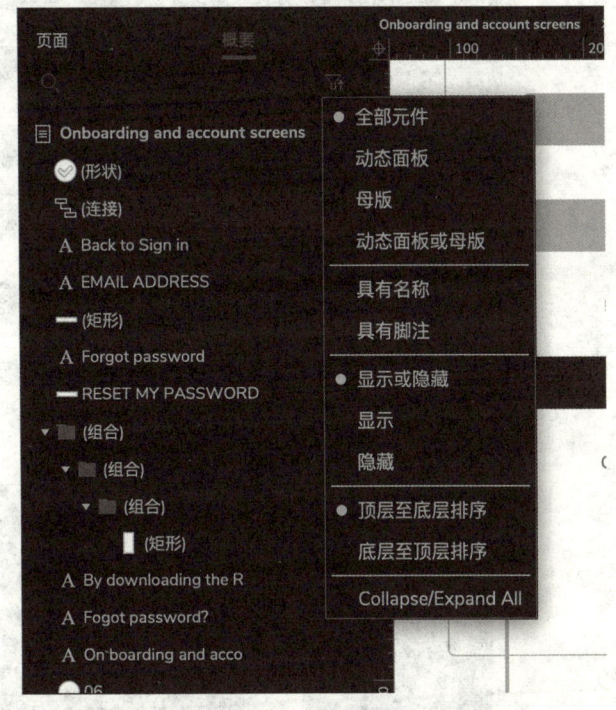

图 6-4 概要面板

(4)元件：管理系统自带的元件库和用户自定义元件库，可以实现从外部导入元件库或移除元件库等操作。软件自带的元件库中包括默认(Default)元件库、流程(Flow)元件库和图标(Icons)元件库，如图 6-5 所示。

(5)母版：管理原型中所使用的母版，可以实现母版和母版文件夹的添加、删除、排序、调整图层等操作。

(6)样式：管理元件的位置、角度、填色等外观样式的参数和整个页面的尺寸、视图、排列方式以及背景，如图 6-6 所示。

(7)交互：管理页面和元件的交互事件及元件的属性，可以实现交互事件内容的添加、删除、交互事件中情形与动作排序、查看元件属性等操作，如图 6-7 所示。

(8)说明：管理页面和元件的相关说明，可以实现说明字段的添加、删除以及组织说明内容等操作，如图 6-8 所示。

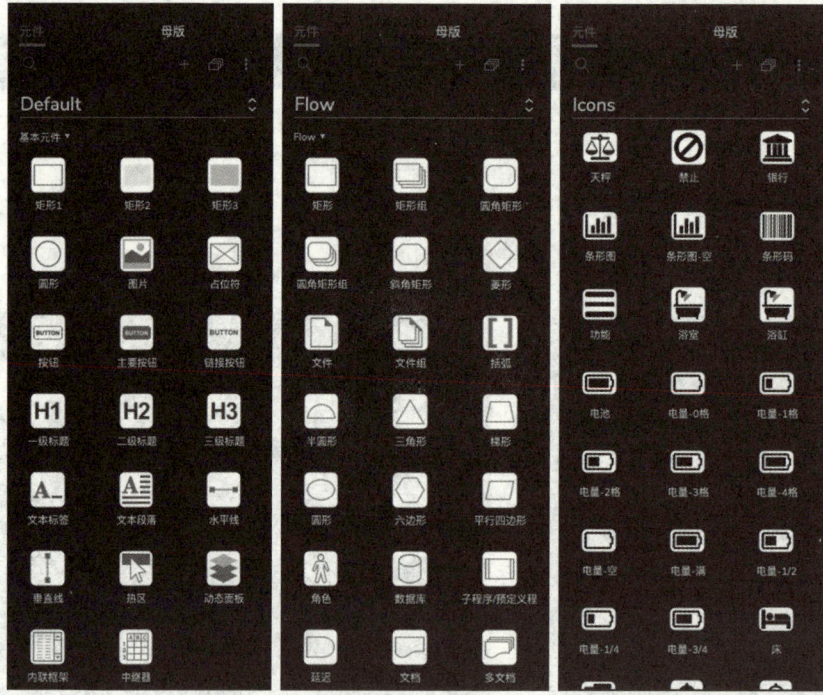

图 6-5 元件面板

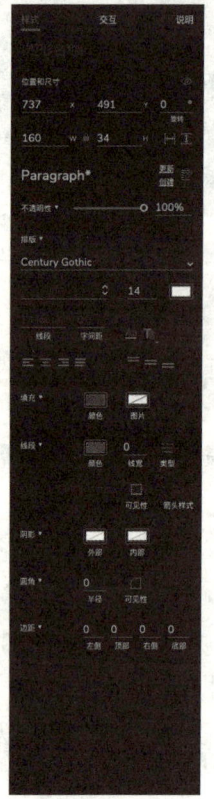

图 6-6 样式面板

图 6-7 交互面板

图 6-8 说明面板

2. 与交互原型制作有关的核心操作

1）绘制线框图

开始设计原型之前需要做的第一步是选择合适的设计分辨率，本任务中使用 Axure RP 设计移动端原型时采用的是 390×844 px 和 428×926 px 两种分辨率尺寸，这两种尺寸分别是由目前移动设备 iPhone 13 和 iPhone 13 Pro Max 的屏幕分辨率尺寸等比缩放而定义出来的，同时也是这两款设备的逻辑分辨率。Axure RP 在样式面板中提供了页面尺寸预设，可以从中直接选取目标尺寸。

在设计原型时不直接采用移动设备实际的分辨率是考虑到设计时的便携性，因为高保真原型输出的原型主要是用于演示而不是视觉稿，所以不需要达到那么高的精度，另外如果按移动设备实际的分辨率进行设计，对元件进行编辑和排版将会非常耗时，同时也不方便在电脑浏览器上查看。

（1）元件操作与基本框架搭建

Axure 自带 3 个元件库，在绘制线框图的过程中所要用到的绝大部分元件都可以从元件库中直接拖入画布摆放。在选中元件后，可以通过工具栏中的命令进行图层顺序、组合、对齐等基本操作，也可以在样式面板中对它的位置尺寸、旋转角度、透明度等属性进行调整。这些操作与大多数设计软件基本一致，仅有的差别是在设置对齐时先要依次选择，然后在工具栏中选择相应的对齐按钮，对齐是以第一个选中的元件作为标准。此外，部分元件可以添加文字内容，在双击出现光标闪动时即可编辑文字内容，相关的文字属性在右侧样式面板中同样可调。通常情况下，使用默认元件库中的矩形、圆形、图片、占位符、按钮、标题、文本段落和线段等基本元件即可快速搭建产品原型的基本框架，在该步骤中主要对界面的基本布局进行初步规划，不必追求元件样式的视觉效果。

在网络上有很多第三方元件库共享，只要是元件库的文件名后缀为".rplib"就可以下载后通过元件功能面板中的"+"按钮进行选择添加，也可以直接双击该文件添加到系统元件库中。这些外部添加的元件库也跟自带元件库一样使用，包括编辑与移除。以图标元件库为例，其中大量的图标元件都源自一套名为"FontAwesome"的图标字体，但是无须安装字体文件就可以使用。这些形状类图标在拖入画布后，可以通过样式面板进行编辑，比如修改填充颜色或轮廓颜色，也可以双击图标元件的中心激活路径编辑来改变形状。在快速原型图搭建阶段，如果系统自带图标无法满足需要，可以参考一些网络共享元件库，如阿里巴巴矢量图标库(http://iconfont.cn/)等，如图 6-9 所示。将这些成套的开源图标元件以 SVG 格式下载，拖入 Axure RP 画布中，按下鼠标右键打开"变换图片"选项，选择"转换 SVG 图片为形状"。如此，这些外部图标元件就变成了和图标元件库中一样的形状图标，可以自由更改颜色和形状编辑。但是，使用这些元件要特别注意版权说明，遵守相关的法律规定。

此外，在线框图的绘制过程中，矩形、圆形、占位符以及按钮等预设的形状元件之间可

图6-9 网络图标下载页面

以通过样式的更改进行相互转换,还可以通过鼠标右键点击"选择形状",弹出菜单选择转换的形状,如图6-10所示。对于初学者,还要注意元件与图片之间的关系。形状元件一般用于页面中的背景、边框、按钮、分割线等,可以通过"形状变换"选项中的"转换为图片"命令转换成图片元件,但图片元件并不能直接转换为形状元件,而且在图片元件中编辑文本也不能通过双击,而要鼠标右键点击"编辑文本"命令才能输入文字。

(2) 排布文字与标记元件

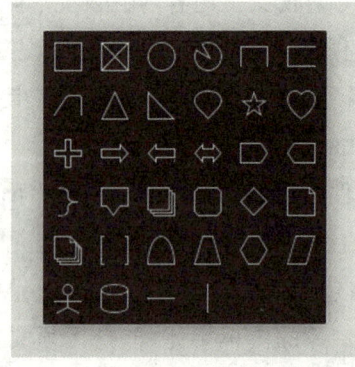

图6-10 "选择形状"菜单

在搭建好基本框架后就应该加入文本信息,明确页面中各板块的信息内容,如果有补充信息也可以用标记元件进行说明。文本元件库中包括文本标签、文本段落、一级标题、二级标题和三级标题,都用来表示页面中的文字内容,但实际上也是形状元件,给文本元件填色或添加边框就变成了矩形元件。

关于文字排版,在样式面板中有字体、字号、色彩、间距及对齐等调节选项,可根据设计对象自由选择。此外,在文本元件中编辑文字,调整文字在元件中的位置是通过样式面板中"边距"的数值来实现的,分别设定上、下、左、右4个方向的距离。

标记元件主要是对一些页面元件内容与要素进行标记说明或简单描述,方便设计师自己或团队成员间的交流沟通。将快照元件拖入画布，双击后即可在弹出的对话框中选择相应页面以快照的形式呈现在画布中，方便不同页面间的引用、比对。另外，配合使用标记、箭头与便签元件，也可以随时记录下设计过程中需要标记的重要信息，对线框图的细节描述非常有必要。

2) 完善页面流程图

各页面的线框图完成后，就可以将所有页面按逻辑顺序进行集中呈现，也就是页面流程图。各页面间用连线进行关系标识，点击工具栏中的"连接"图标进入连线模式，当鼠标靠近某个元件时会出现 4 个带 "x" 的连接点。在起始元件的一个连接点上按下鼠标左键拖动到连接结束元件的一个连接点上再松开，即可完成连线操作。

连接线的类型包括直角折线、圆角折线、直线和曲线 4 种，线段颜色、线宽以及箭头样式可以在样式面板中设置。要注意连线的转折控制类似路径的调整，不能通过增删节点来控制，而是通过拖动连线来实现转折角度的调整，与路径调整相比不够简便。

3) 线框图的交互设置

线框图完成后就可以添加一些交互设置，让沟通对象更方便直观地查看产品内容。这里的交互指程序对用户指令的反馈，即用户做了什么操作的时候，系统为用户呈现什么内容。在 Axure RP 中，每个交互都是计划事件的提前设置，其中包含的要素有以下 7 种。

① 主体：用户操作的对象。

② 触发：用户的操作类型。

③ 情形（条件）：当用户对主体进行某种操作时出现的各种情况。

④ 动作：反馈所需要执行的动作行为。

⑤ 目标：动作控制的对象。

⑥ 设置：具体反馈的表现形式与内容。

⑦ 顺序：内容的反馈顺序。

Axure 中的交互设置

下面以最常见的交互动作——登录界面操作为例进行讲解。当用户点击登录按钮时，会出现两种情形，如果验证成功会出现"登录成功"提示，继而打开个人中心页面；如果验证失败则会弹出"用户名或密码错误"的提示，要求用户重新输入。描述这个交互过程的思维导图如图 6-11 所示。

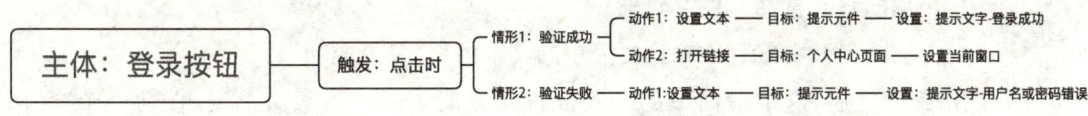

图 6-11 交互过程思维导图

这是一种典型的判断逻辑，根据判断条件正确与错误来执行对应的操作，它可以更直观地表达逻辑关系，更利于开发人员的理解。对应具体操作步骤如下。

（1）创建页面与按钮元件

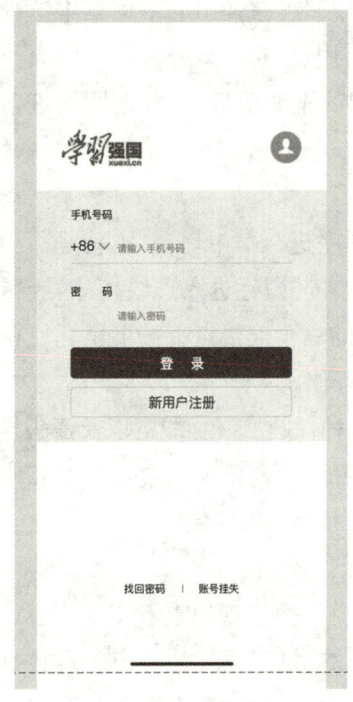

图6-12 "学习强国"App 登录界面

Axure RP 中的样式面板中有页面尺寸的预设，可以直接选择 iPhone 12/Pro（390×844 pt）尺寸创建页面。将新建的页面命名为"登录页面"，这里以模拟"学习强国"App 的登录界面为例，如图 6-12 所示，主要元素就是登录面板中的文本框元件，用于输入手机号码和密码，主要按钮包括登录按钮和新用户注册等。这些添加的元件都会在概要功能面板中出现，如果是与交互有关的元件就建议规范命名，避免元件过多造成交互设置混乱。对于 UI 设计师来说，一份规范的命名文件会非常需要。它不但会提高自己的工作效率，而且整个团队在运作时，能够降低成员之间的协作成本。在这一步中，给不同元件的命名可以在概要功能面板中修改，也可以在交互、样式、说明的功能面板中添加。如果要使用英文命名元件，建议使用帕斯卡命名法，如 User Name。这是一种最为常用的程序代码命名法，其规则是无论命名由多少个单词组成，每一个逻辑断点（单词首字母）都用大写且单词之间无任何分隔。

（2）新建交互

Axure RP 9 中添加交互的方式有两种：一是在交互功能面板中进行渐进式交互设置，二是通过交互编辑器进行渐进式交互设置。以用户登录页面的交互设置为例，学习者可以根据个人习惯选择其中一种方式来熟悉交互设置的逻辑。

① 在页面中选中交互行为的主体元件——登录按钮（Login Button），在交互功能面板中点击"新建交互"按钮，或点击打开该按钮右上方的"交互编辑器"按钮打开交互编辑器，如图 6-13 所示。

② 选择触发事件，这里选"单击时"。要注意，在添加事件的选项中主要有 3 大类型，包括鼠标、键盘和元件特有触发形式，很多并不适用于移动端的操作习惯。

③ 选择交互动作，在元件动作部分中选"设置文本"。

④ 选择动作目标，选择元件"Message"。

⑤ 添加动作设置，在"值"中输入要显示的文本内容"登录成功"。

在点击确定之后，这个最简单的交互设置就完成了。严格意义上说，任何一个交互都是上述步骤的叠加或丰富，概括起来就是"添加事件""添加动作""组织动作"与"设置动作"这 4 个步骤，交互的目标可以是主体元件自身，也可以指定为其他目标元件。所以，无论是在交互面板中逐步点击设置，还是在交互编辑器窗口中编辑都非常方便。

回到最初设定的交互行为，点击"登录按钮"的反馈包括两个动作，所以需要区分在不同情形下的反馈结果。以上完成的交互行为是在用户名和密码输入验证无误的情形下，而

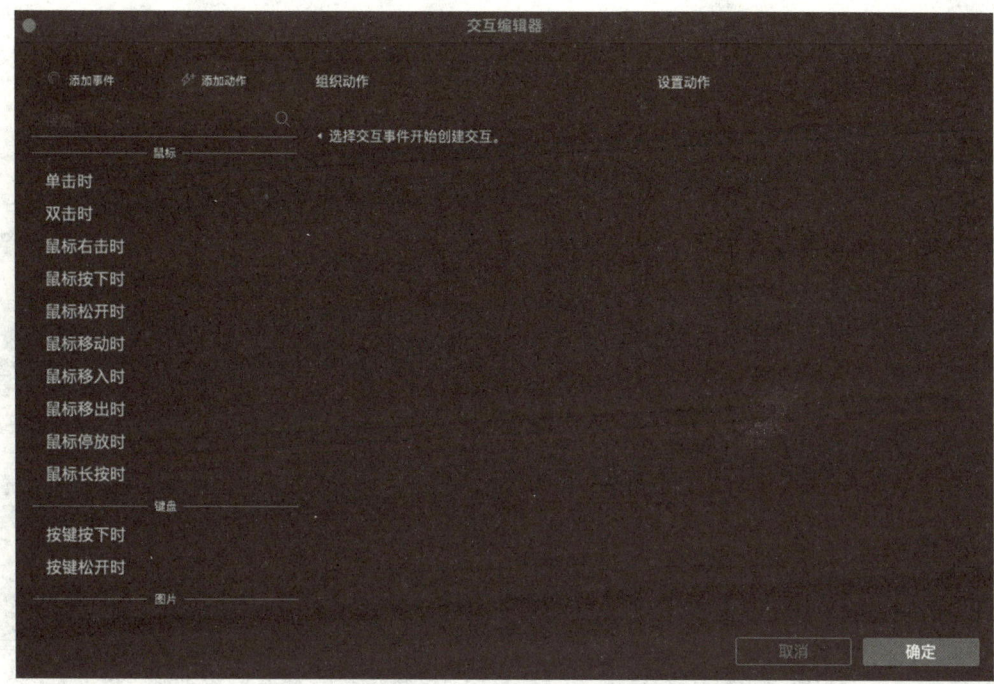

图 6-13　交互编辑器界面

验证不符的情形就需要设置第二个动作。将鼠标悬置在触发事件"单击时"按钮上，右侧会出现"添加情形"的按钮。添加两个情形，分别命名为"验证成功"和"验证失败"。点击"验证成功"情形，会弹出"情形编辑"对话框，在其中设置条件，比如将输入"密码＝＝1234"为条件来判断该情形是否成立。而"验证失败"情形就可以设置条件为"密码！＝1234"，这样就可以区分开两种情形下的判断条件，如图 6-14 所示。接下来就在每个情形下去选择交

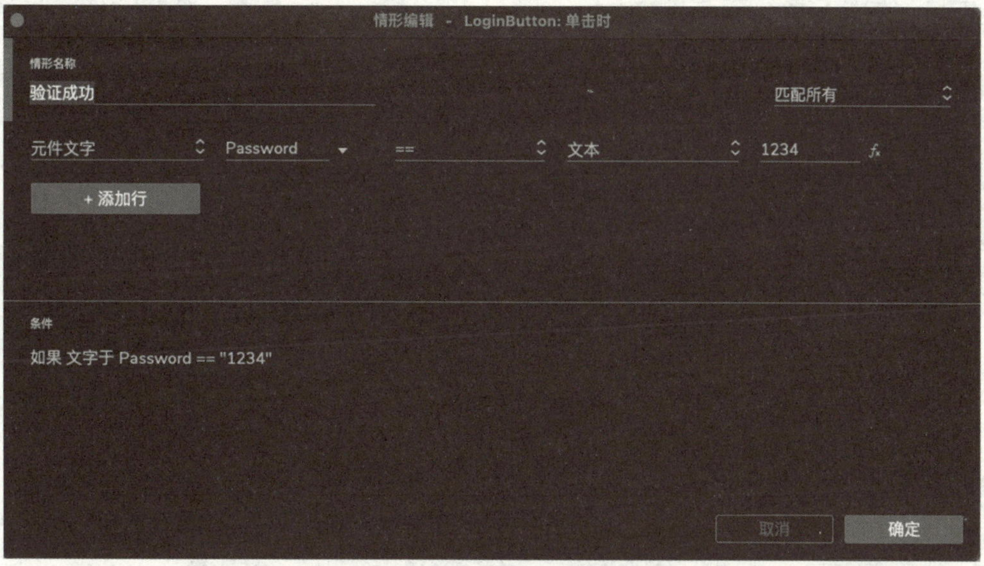

图 6-14　密码情形设置

互动作以及目标对象、动作设置如图6-15所示。添加完全部交互设置后，按"F5"键在浏览器中查看原型，如图6-16所示。

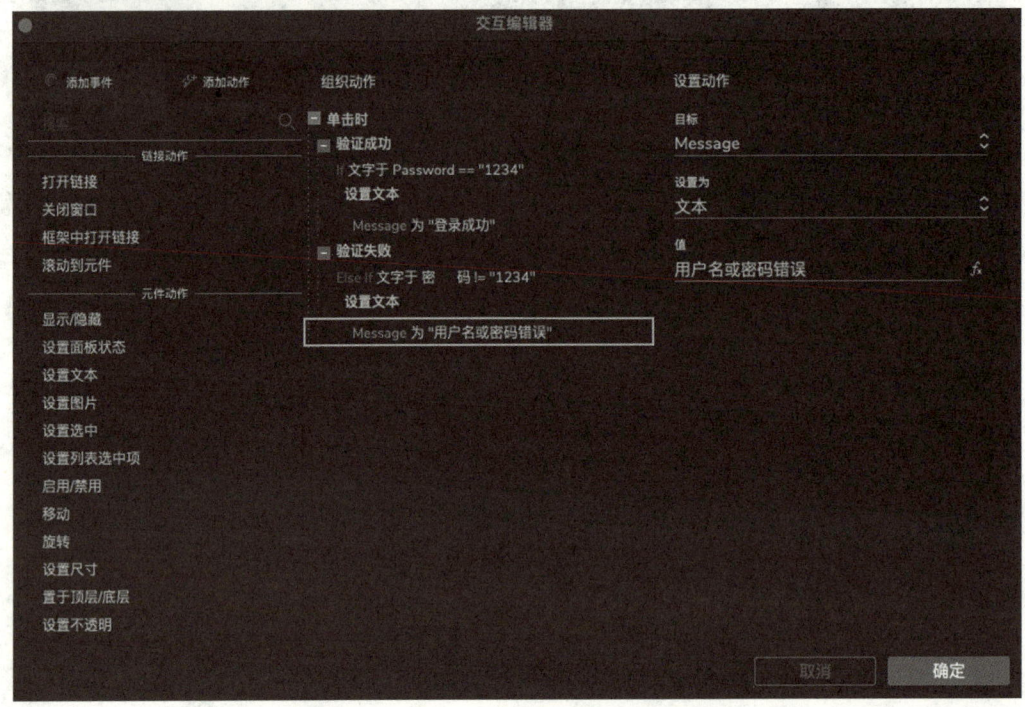

图6-15　动作条件设置

图6-16　交互原型预览效果

6.1.2 高保真界面原型制作

将视觉设计阶段保存的高保真页面文件导入 Axure RP 9 中,即可从线框原型转换为高保真原型。基于移动端产品的使用场景,下面的案例讲解将以最常用的热区、动态面板、内联框架 3 种元件的交互设计为主,让学习者掌握高保真原型制作的技巧,如图 6-17 所示。

图 6-17　3 种主要交互设计

1)热区操作

Axure 的优势在于通过一个简单的导向式操作界面让非程序开发人员用自己熟悉的编辑语言定义静态页面的交互逻辑和指令,从而免去了编程的复杂性。例如一个普通的热区元件操作,就可以用元件事件的方式轻松实现页面或内容的交互动作。

热区是一个不可见的透明元件,在预览结果呈现中没有任何显示。它可以在页面的任何区域中创建点击区域,最常见的点击区域如按钮、图片、文字、形状或多种元素的组合等,同时它也可以在热区范围内添加各种自定义交互事件。在移动端产品上,热区往往作为单击事件做链接动作进行页面跳转,如图 6-18 所示。

图 6-18 中页面底部的标签栏中布置了 5 个图标,分别可以链接到对应的 5 个一级页面,实现在不同功能板块间的快速切换。此外,热区还可以针对多个图标、标题设置点击区域,作为触发事件的主体设置动作。例如用它来控制元件的显示/隐藏、设置面板状态、设置文本、设置图片、移动、旋转、置于顶层/底层、设置不透明度等。

2)动态面板

动态面板是 Axure RP 中运用最为频繁的元件之一,大多数复杂的交互效果都可以通过它来完成。

动态面板和其他普通元件一样都位于元件库

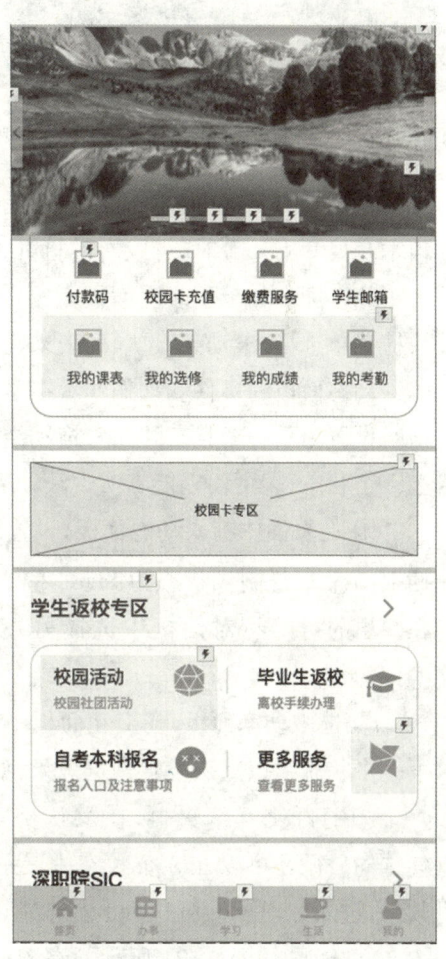

图 6-18　热区设定示意图

中,将它拖到页面中会显示一个半透明的淡蓝色矩形。在样式面板中可以对它的尺寸大小进行调整,但是不能改变它的角度。动态面板的工作原理主要是在面板中可以设置不同的状态,双击可打开面板的编辑状态,如图 6-19 所示。点击添加状态,可以增加动态面板的状态数量,每个状态的重命名、增删和顺序调整都可以在这个窗口中完成。

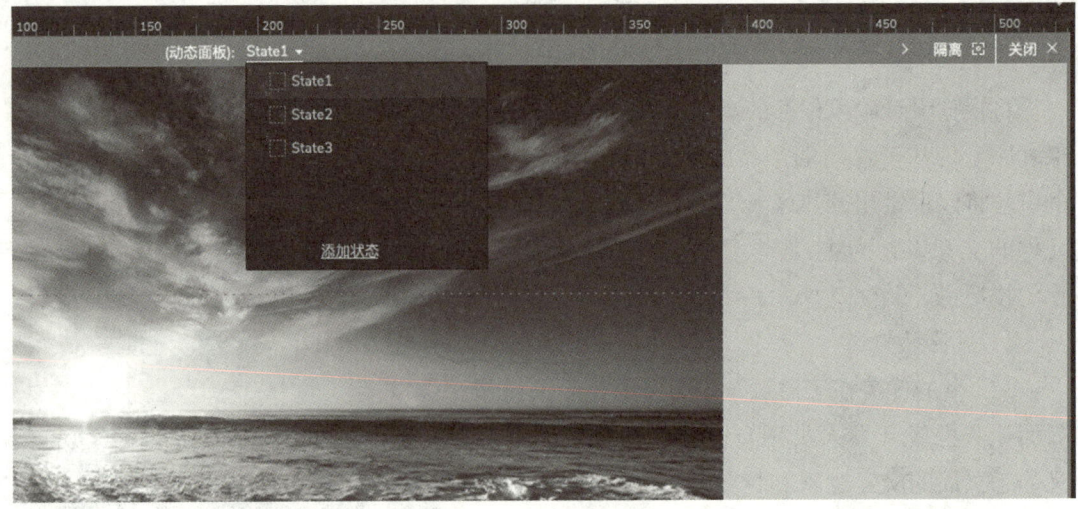

图 6-19　动态面板编辑

选择动态面板中单个状态可以插入图片、形状、文字等多种元素,当导入对象尺寸与面板本身尺寸不一致时,可以右键打开快捷菜单执行"自适应内容",让面板尺寸与添加对象大小相匹配。如果不改变面板大小,当状态中的内容范围大于面板范围时,可以右键弹出快捷菜单选择"滚动条"选项列表来决定滚动条的出现方式。

动态面板的事件和动作非常丰富,交互面板中默认给出 3 种最常用的交互,分别是"单击时设置为下一个状态""向左拖动结束时设置为下一个状态"与"向右拖动结束时设置为上一个状态"。下面以能够实现滚动播放的轮播图为例,介绍动态面板的交互设置。

① 在页面中拖入动态面板,设置好相应的尺寸。双击进入面板编辑状态,在 State 1 中插入图片 1,复制该状态为 State 2 和 State 3,并双击图片在弹出的"打开"对话框中选择另一幅要轮播的图片替换掉。

② 选中动态面板,在交互面板中点击"单击时设置为下一个状态",以默认设置预览效果,如图 6-20 所示。

③ 打开交互编辑器,在默认交互动作基础上调整。勾选向后循环可以在 3 个状态中展示完成后的循环播放效果,进入和退出动画选择为"向左滑动",动画完成时间为 500 毫秒,如图 6-21 所示。在浏览器中观察交互设置调整后的变化。注意,这里的"单击"事件也可以通过其他元件对象来完成,常见的手法是在面板上加上按钮或箭头符号作为触发主体来设置面板状态。

④ 为动态面板添加"向左拖动结束时设置为下一个状态"和"向右拖动结束时设置为上一个状态"两个交互

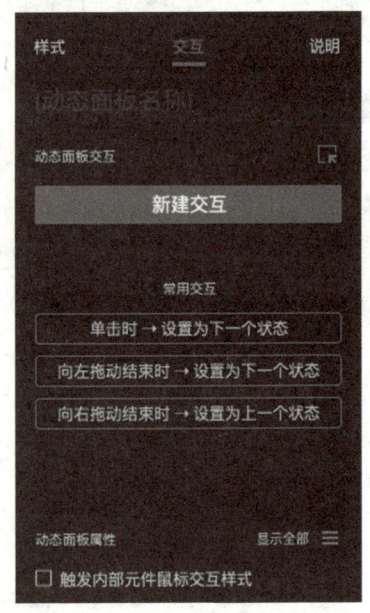

图 6-20　动态面板设置

动作。设置时要考虑手指左右拖动面板的反馈结果，具体参数设置如图 6-22 所示。

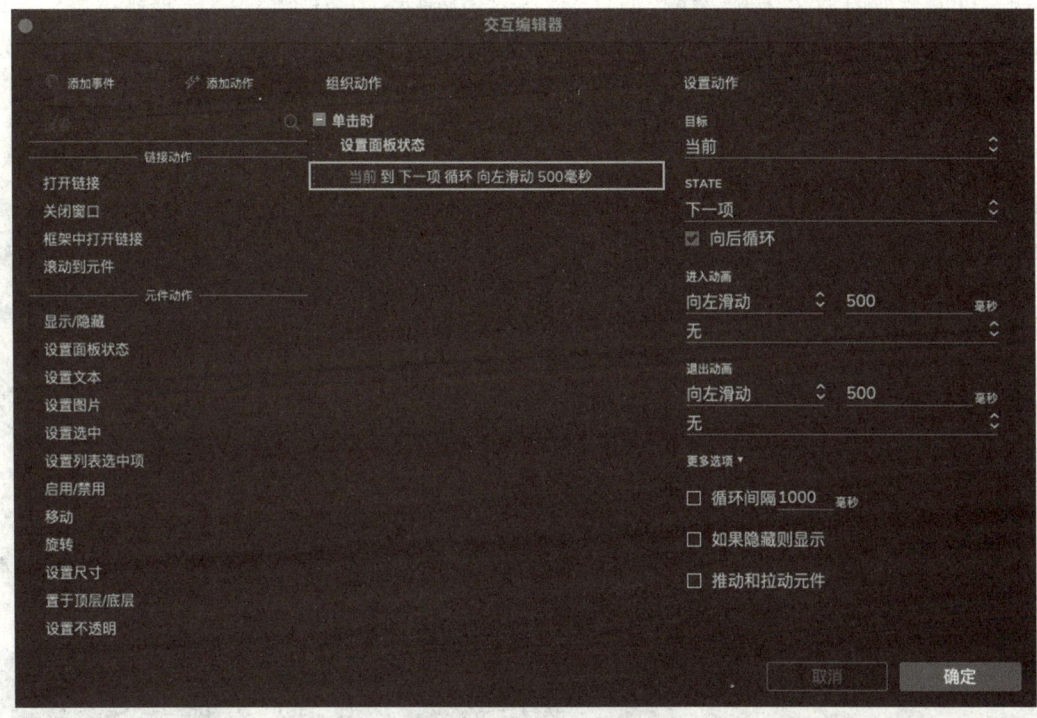

图 6-21　循环轮播设置

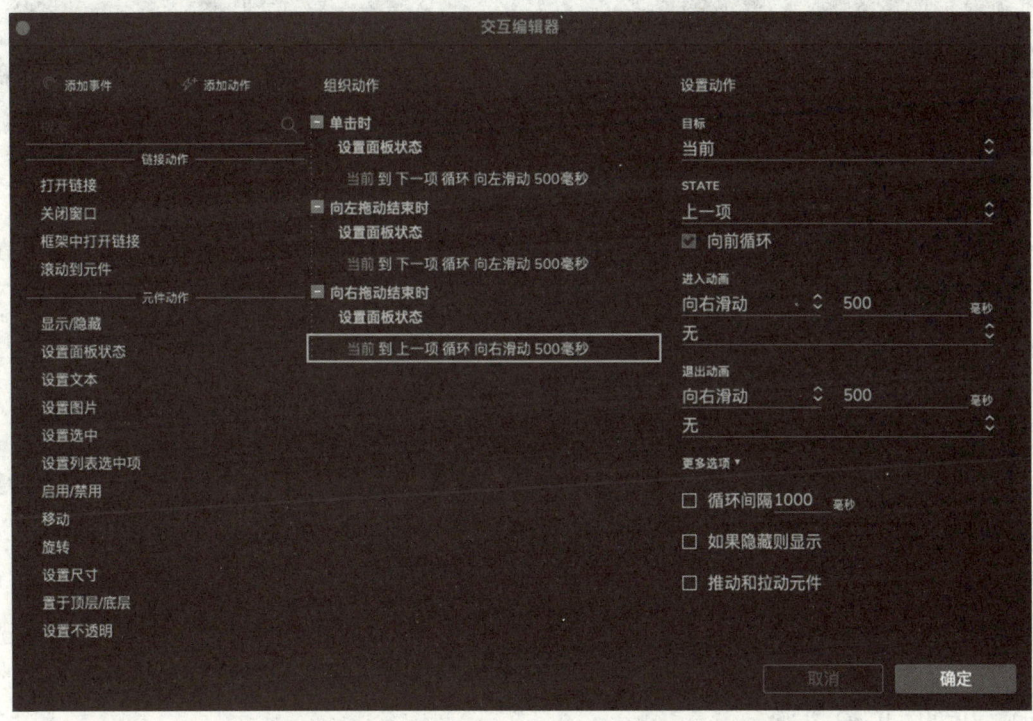

图 6-22　滑动设置参数

⑤ 上述 4 个步骤可以实现轮播图的单击轮播和拖动切换状态，如果要实现自动播放功能，可以在前面的交互事件外再加上"载入时"，元件动作仍然是"设置面板状态"。这里主要考虑页面载入时轮播图自动播放，除了手势左右拖动的动画方向外还要注意勾选"循环间隔"，这是决定自动轮播频率的关键，循环间隔可以设为 2 000 毫秒，如图 6-23 所示。

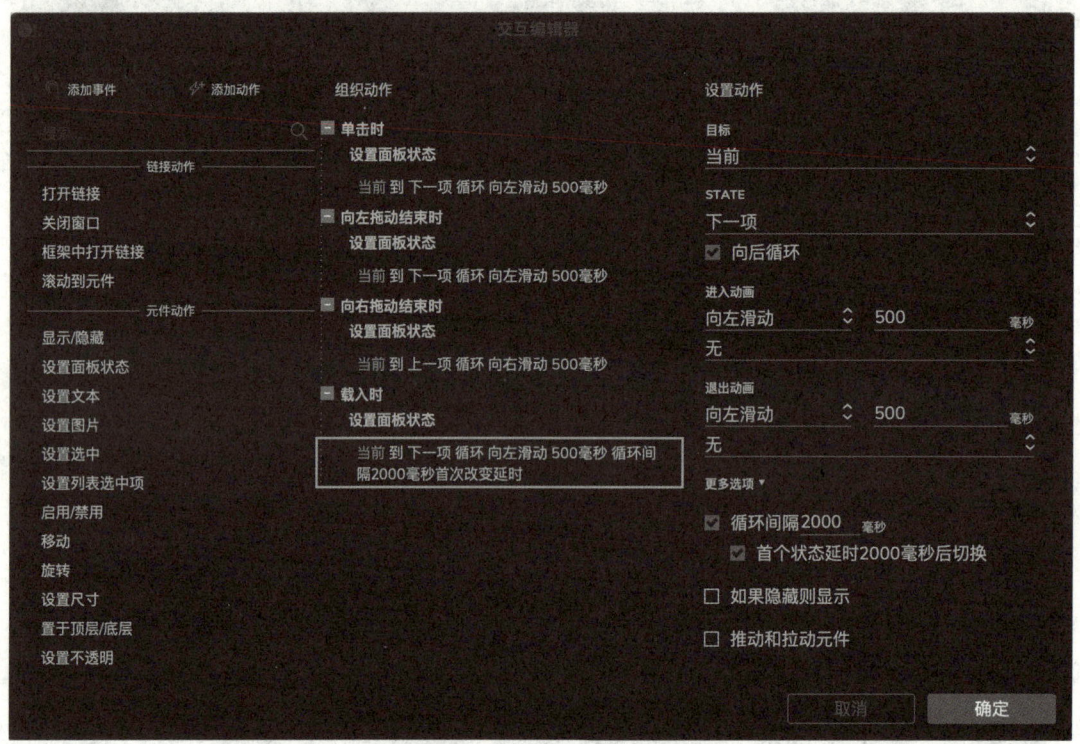

图 6-23 自动播放参数设置

动态面板在移动端 UI 的原型设计中还有一个重要的应用是实现页面滑动，主要是在给定的范围内实现页面的上下左右滑动，最大限度还原使用场景，具体操作如下。

① 在页面准备好两张视觉效果已经制作完整的长图，创建动态面板尺寸为 390×524 px，也就在此范围内实现页面的滑动而不影响页面中其他元素，如图 6-24 所示。将两张长图命名为 P1、P2，并置入动态面板的状态 1 和状态 2 中。

② 选中动态面板，打开交互编辑器。在"添加事件"列表中选择"拖动时"，在"添加动作"列表中选择"移动"，目标选择 P1。"动作设置"中的移动类型选择为"跟随垂直拖动"，以实现上下滑动的效果。注意，滑动的范围必须在之前设定的 390×524 px 范围内，由于选择的移动类型为垂直方向，这里只需要添加顶部和底部边界来限定上下滑动的位置。点击"＋添加边界"，将顶部的值设定为"＜0"，底部的值设定为"＞524"，其依据为动态面板的垂直高度，如图 6-25 所示。

图 6-24 滑动内容长图

③ 第②步只实现了动态面板中一个状态下页面内容的滑动,接下来添加"向左拖动结束时设置为下一个状态"和"向右拖动结束时设置为上一个状态"两个交互动作,通过左右滑动来呈现两个不同的面板状态,数值设置同②。

④ 实现动态面板的上下滑动,必须考虑不同状态情形下的滑动对象问题。点击之前已经建立的"拖动时"事件,右侧会出现"启用情形"按钮,在弹出的情形编辑窗口中将条件设

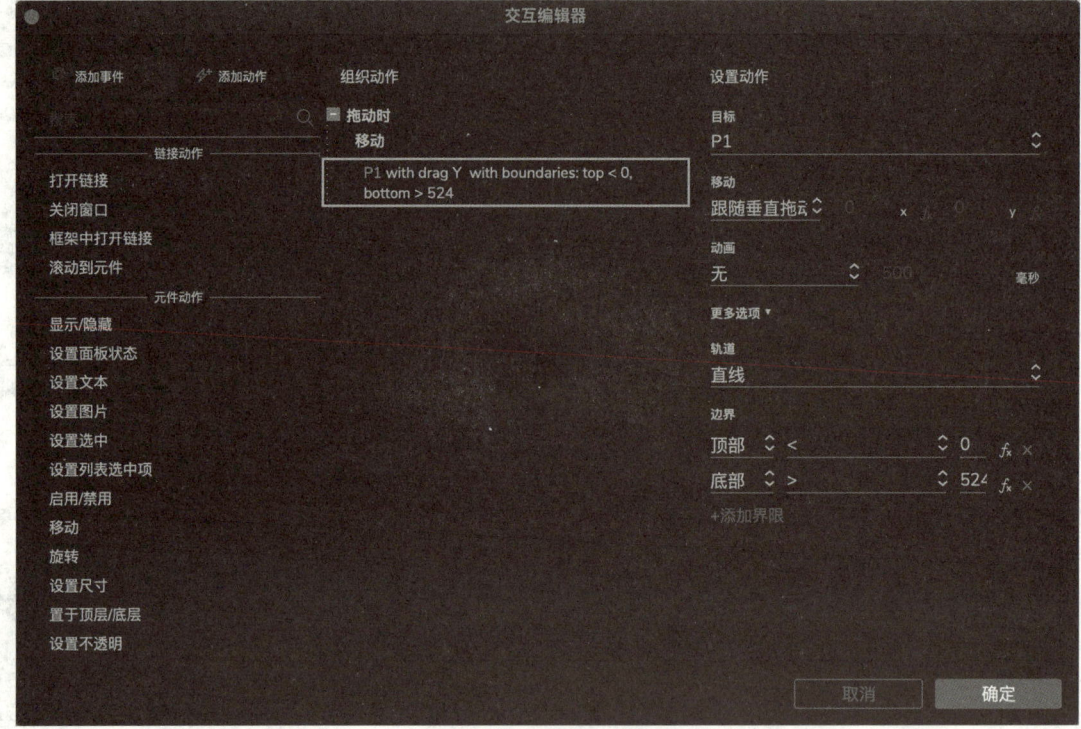

图 6-25　垂直拖动参数设置

为"面板状态 = = State 1"。以同样的方法添加情形 2,将条件设为"面板状态 = = State 2"。

⑤ 选中情形 1 中的"移动",右键点击"复制"或使用快捷键"Ctrl + C"。单击情形 2,按"Ctrl + V"将情形 1 的动作粘贴给情形 2。选中"移动"动作,在右侧"设置动作"中将 P1 改为 P2,这样就不必重复设置其他参数,如图 6-26 所示。在浏览器中预览就可以检验在给定范围内的左右、上下滑动效果。

3)内联框架

内联框架元件的用途是向页面中嵌入内容,在移动端产品上,内联框架更多用于嵌入一些在线内容,包括网页、地图和视频等,具体操作方法如下。

① 向页面中拖入内联框架元件,设置好合适的尺寸与位置。双击后打开链接属性对话框,其默认链接到当前原型中的一个页面,可以根据需要选择页面。在样式面板中可以对内联框架是否隐藏边框、显示滚动条和显示预览图进行设置,如图 6-27 所示。

② 给内联框架链接一个外部的 URL 或文件,如 http://www.xinhuanet.com/,这样就可以在预览中显示新华网的首页内容,但内联框架的显示面积有限,只能通过拖动滚动条进行浏览,如图 6-28 所示。

③ 如果要在页面中预览视频文件,例如优酷网站上的某个电影播放页面。只需要在播放器底部找到"分享",在弹出窗口中选择复制"通用代码"。回到 Axure RP 中,打开内联框

项目 6　原型制作与交付

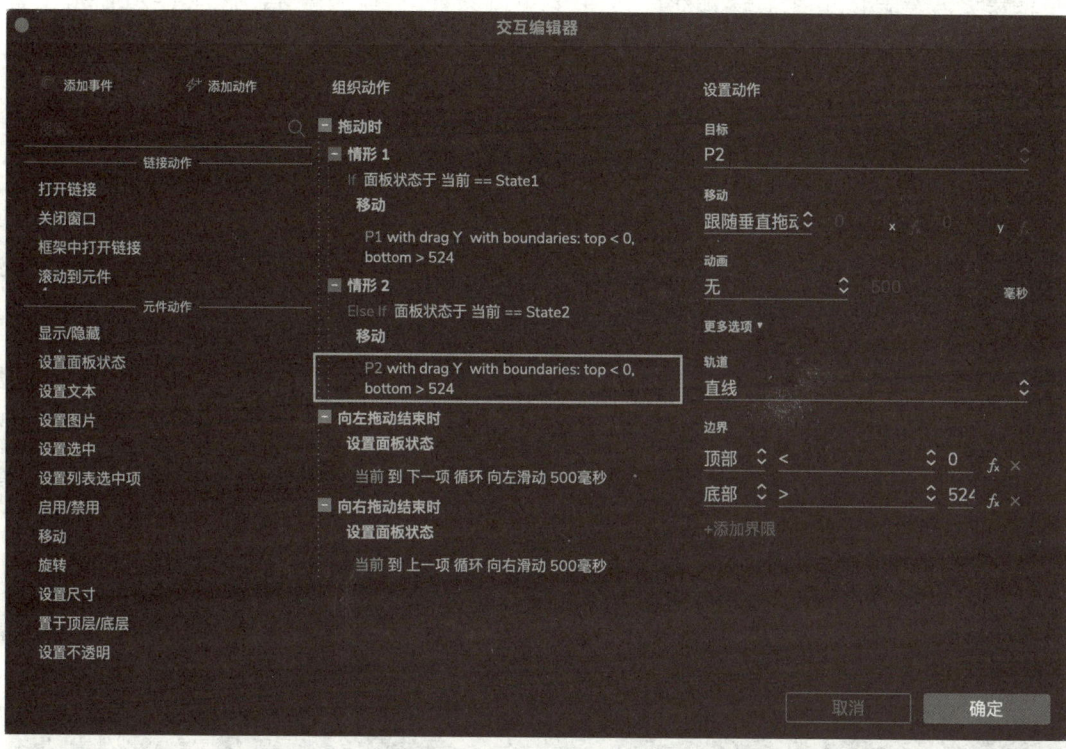

图 6-26　拖动情形参数设置

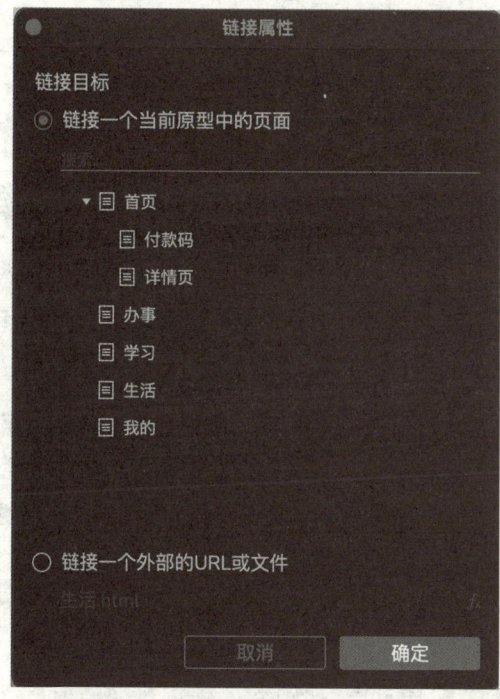

图 6-27　当前原型内页面链接

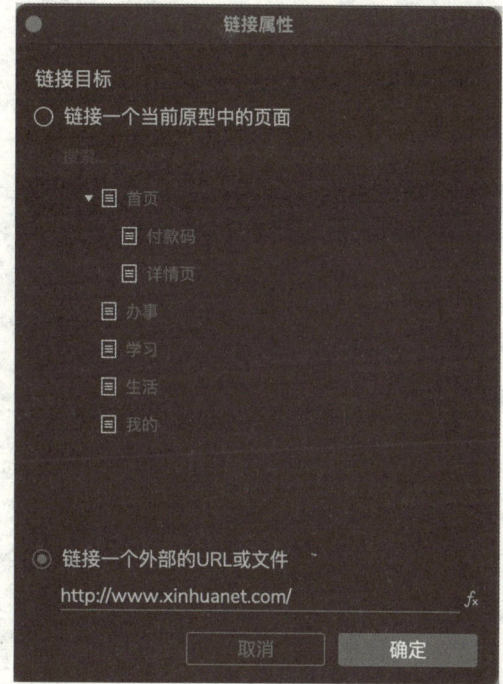

图 6-28　原型外部页面链接

151

架链接属性对话框,点击最右侧的 fx 按钮,粘贴刚才复制的通用代码,如图 6-29 所示。编辑通用代码,仅保留视频播放器内容。完成后即可在预览中播放视频。

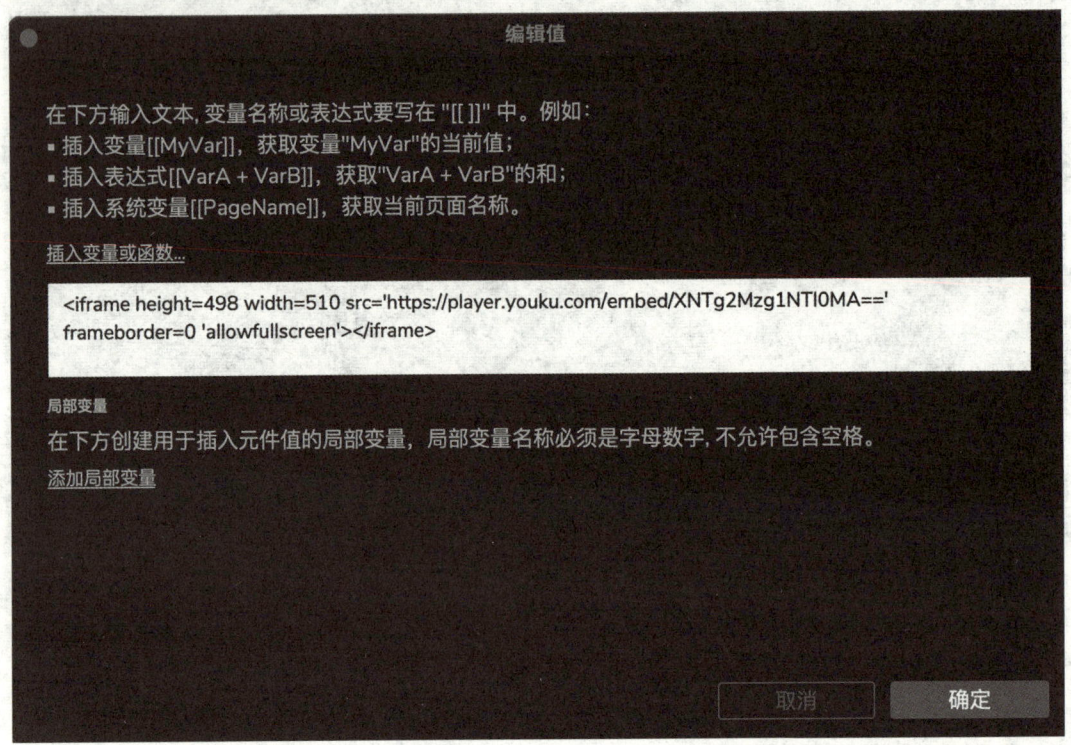

图 6-29 引入外部视频链接

任务 6.2 整理产品交付文档

6.2.1 规范交付文档

  在进行界面的设计和制作时,需要养成良好的文件命名习惯。新手设计师在设计时最容易出现源文件内画板、图标、图层、图层组命名混乱和整个移动端项目视觉设计文件夹管理混乱的问题。这导致设计师难以迅速找到想要的目标界面或者控件、设计元素。为了便于自我查找、梳理以及团队成员间的高效协作,设计师的交付文档中需要规范项目文件的命名、界面标注方式和界面切图。

  1. 项目文件命名

  为了更高效地查找到指定的文件,需要对图标、界面页面、切图文件进行科学的项目文件管理,例如想要快速找到切图中的登录按钮,就可以先从查找文件命名开始。文件的命名可以按层级和文字排序这两个检索模式进行归类。例如，在某个项目中，第一个版本文件包含的分类有 PRD 文档、Axure RP 原型文件、Sketch 设计文件、动画文件、应用素材、导出的展示图和动画、设计说明、切图等，将项目文件按层级分类展示如图 6-30 所示。

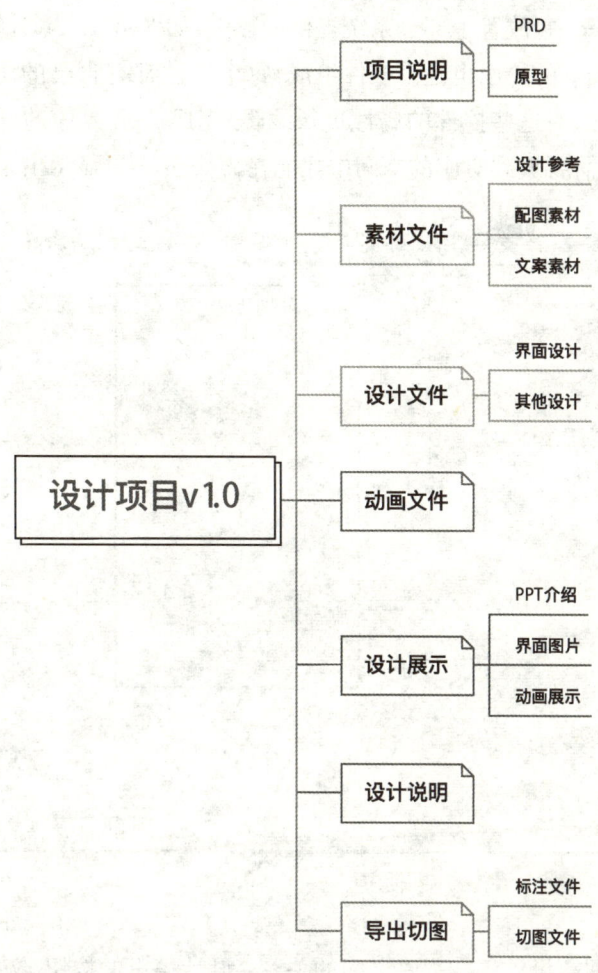

图 6-30 文件按层级分类

在项目文件中，画板、页面、图层、组、控件等基本的文件命名都会根据层级从上到下来命名，例如画板或页面命名的命名规则为"模块（项目名）/一级分类/二级分类/状态"，常用控件的命名规则为"性质/模块/状态（属性）"。

2. 界面标注

界面标注作为连接 UI 设计师与技术开发人员的工作模块，具有非常重要的意义。在设计稿制作完毕后，从中整理出技术开发人员所需要的素材或图片就要切图，设计师必须熟悉标注工具使用、理解设计尺寸与切图倍数的关系，才能在切图时判断当前的设计稿尺寸与切图单位是否正确匹配。因为任何 UI 类的设计图，在通过代码还原成软件界面时，无法通过代码写出来的图形,需要设计师导出对应的图形文件,给代码做补充。

本质上,开发人员写 App 界面和设计师做设计稿是一样的,只不过两者实现方法不同。如图 6-31 所示是 iOS 开发工具 Xcode 里的一个页面,左侧的"View Controller Scene"相当于 Photoshop 或 Sketch 里的新建画板。应用就是由一个个的"View Controller"的集合。右侧的 View Controller 中,放置了部分系统提供的控件,如 Safe Area、计算等,这些是界面设计师非常熟悉的。App 的界面也是由控件组成,每个控件都有自己的属性。开发人员根据设计稿的样式和标注,对这些控件的属性进行编辑,完成 App 界面的样式开发。设计稿中的所有设计元素,都需要放到对应的空间中才能在 App 界面里显示出来。

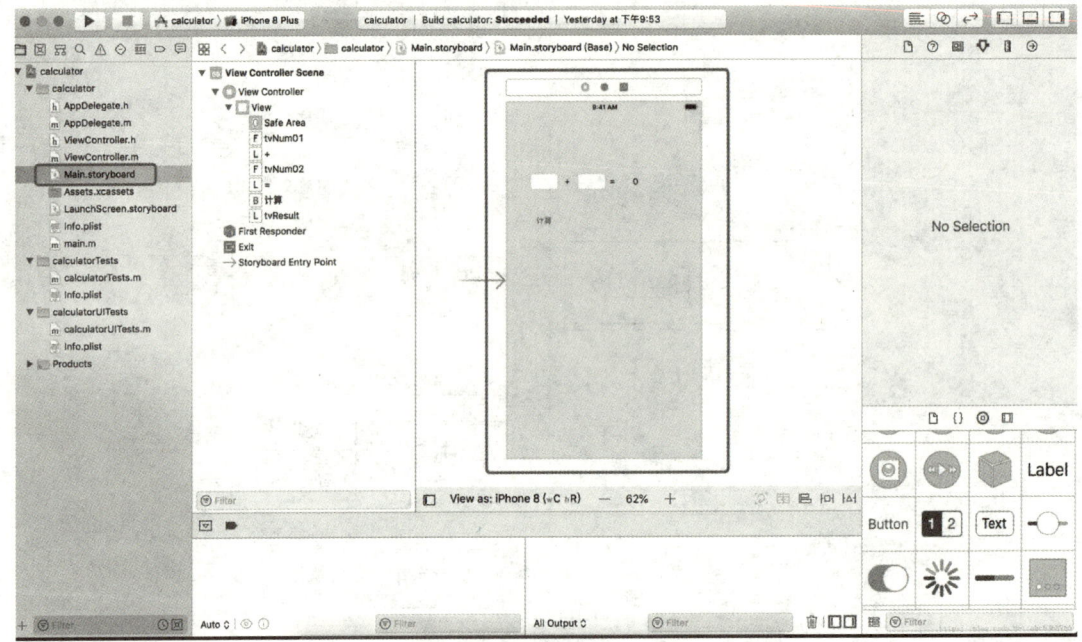

图 6-31　Xcode 界面

根据上图可以理解设计稿和程序之间的关系:设计稿里的按钮、文字、图标、列表、背景色、线条等所有的设计元素,在 Xcode 里都有对应的控件,设计元素必须使用对应控件才能在 App 的界面里显示出来。设计稿的标注实质上是标注各类控件的属性以及各控件间的关系。设计稿的标注可以通过安装蓝湖、墨刀、Mockplus 等线上工具的插件来完成,几乎不用手工标注。以 i 深职为例,安装蓝湖插件后的首页标注如图 6-32 所示。

需要标注的内容包括以下六点。

① 文字:字体大小、颜色。

② 布局控件属性:控件的宽高、背景色、透明度、描边和圆角大小(如果有圆角)等。

③ 列表:列表的高度、颜色、内容上下间距等。

④ 间距:控件之间的距离、左右边距。

⑤ 段落:行距。

图 6-32 i 深职首页蓝湖标注示意

⑥ 全局属性：如导航栏文字大小、颜色、左右边距、默认间距等。

3. 界面切图

切图指从设计稿中整理出来的技术开发人员需要的素材或图片。Sketch 和 XD 可以直接导出切图，Photoshop 则不具备该功能，但是可以在 Photoshop 中安装 Cutterman、蓝湖等插件后可导出切图。下载蓝湖插件装在设计工具中（Photoshop、Sketch、XD），选中画板上传，在设计稿中为图层或组切片标记，上传至平台的画板便带有切图下载。

1) 切图的分类

不是所有的页面中的元素都需要切图，一般地，带样式的、不规则的图形按钮、动图都需要切图，常规文字、纯色背景、直线、外框、头像、状态栏等不需要切图。界面元素按是否需要切图的分类见表 6-1。

表 6-1 切图分类

元素	不需要切图	需要切图
字体	常规文字	装饰字体
背景	纯色背景	非矩形背景
背景	渐变背景	含图片背景
背景	透明背景	含相片背景
背景	不规则圆角矩形背景	—
按钮	常规按钮	不规则图形按钮
按钮	双色渐变矩形按钮	多彩渐变按钮
按钮	带外框文字按钮	带不规则阴影按钮

(续表)

元素	不需要切图	需要切图
图标	—	常规图标（每种状态都切）
图标	—	带外框图标（连外框一起切）
图标	—	图标＋文字组合（只切图标）
分割元素	直线	曲线
分割元素	常规矩形	—
分割元素	外框	—
平面图	横幅	
平面图	封面	
平面图	文章图片	
平面图	头像	
其他	状态栏	动图

2）切图的命名

导出的切图种类和数量都很多，因此需要依靠文件夹的层级协助切图分类。如果使用了两个平台独立的设计，或是针对平台导出矢量格式文件，那么在最顶层就应该创建 iOS 和安卓两个文件夹，再将文件分开导出，以便不同的前端工程师检索。

通常切图命名公式为"组件_类别_功能_状态.png"，如"导航_按钮_搜索_默认.png"，效果是" nav_button_search_default.png"。此效果的名字太长，层级太多，英文的字母长度也难以控制。虽然部分应用的元素如导航（nav）、标题（tit）、背景（bg）等有英文简写形式，但大多数元素的英文名称没有简写。开发人员命名之所以使用英文，是因为在代码里不能使用中文，而在自定义标注的没有必要设定这种限制。除非该切图命名规范是经团队商议，由开发人员整理后交付，否则单个成员进行的英文命名并不具有普适性。

为了便于开发人员快速找到指定文件，通常文件夹中的切图命名在 3 级以内。即"模块_名称_状态"，如"动态_评论_默认@1×.png""登录按钮_点击@2×.png"。

切图命名需遵循以下原则：

① 避免大写，有些开发语言无法识别大写的文件；
② 不允许有空格；
③ 切图请用分隔符"_"而不是"/"，"/"常用来分级，适用于图标管理；
④ 不允许有数字。

类别命名和常用状态中英对照见表 6-2。

表 6-2　命名中英文对照表

类别命名	常用状态
图标：btn_xxx.png	正常：normal
图标：icon_xxx.png	按下：pressed
图片：pic_xxx.png 或 img_xxx.png	选中：selected
照片：pho_xxx.png	禁用：disabled
	已访问：visited
	悬停：hover

3）切图的大小

切图注意双数像素切图。只有图片长、宽为偶数才能保证开发时切图素材被高清显示，如图 6-33 所示。

画布大小不等同于素材大小，一般情况下素材分为装饰素材与可点击素材，装饰素材可直接按图层贴边切图，而可点击素材需要根据点击区域的位置与大小，适当调整素材的画布，再进行素材切图。iOS 平台/系统能准确点击的最小点击区域为 88×88 px，44×44 pt。安卓能准确点击的最小区域为 48×48 dp。低于该尺寸范围的区域也可以点击，但是会出现点击不灵敏的情况，用户体验较差。此时可在其周围填充透明区域后再输出切图，如图 6-34 所示。

图 6-33　双数切图　　　　　图 6-34　切图考虑点击区域

4）切图的输出格式

PNG：大部分产品常用的图片格式，带投影等图层样式的切图格式。

WebP：相比 PNG、SVG，图片在同等质量下体积更小，非常适合安卓系统。

SVG：矢量格式，可以适配各种分辨率的屏幕，但难以表现色彩层次丰富的逼真图像效果。

5）切图的套数

理论上，为了更好地适配 iOS 系统，需要切 3 套图：@1×、@2× 和 @3×，而在实际工作中，iOS 只需要切 @2× 和 @3× 即可。

安卓系统的屏幕尺寸较多，需要切图的也更多，一般包括 mdpi、hdpi、xhdpi、xxhdpi 和

xxxhdpi 等。

6.2.2 产品输出步骤

1. 功能图标的输出与命名

Illustrator 导出功能图标时，只需对画板进行规范命名，然后直接导出即可。以 i 深职导航栏中的功能图标（图 5-42）为例，首先对画板按照命名公式"模块_名称_状态.png"重命名为"导航栏_公文审批_默认""导航栏_我的待办_默认""导航栏_深职通码_默认""导航栏_办公邮件_默认"，如图 6-35 所示。

画板重命名后，选择菜单"文件"→"导出"→"导出多种屏幕所用格式"命令或使用（快捷键"Alt＋Ctrl＋E"）。在导出对话框中选择需要导出的画板或"范围：1-4"，如图 6-35 所示。注意，"格式"选择中给出了 iOS 和安卓两种系统的图标命名格式。此处可选择 1×、2×、3×图，完成参数设置后单击"导出画板"按钮就能得到功能图标。

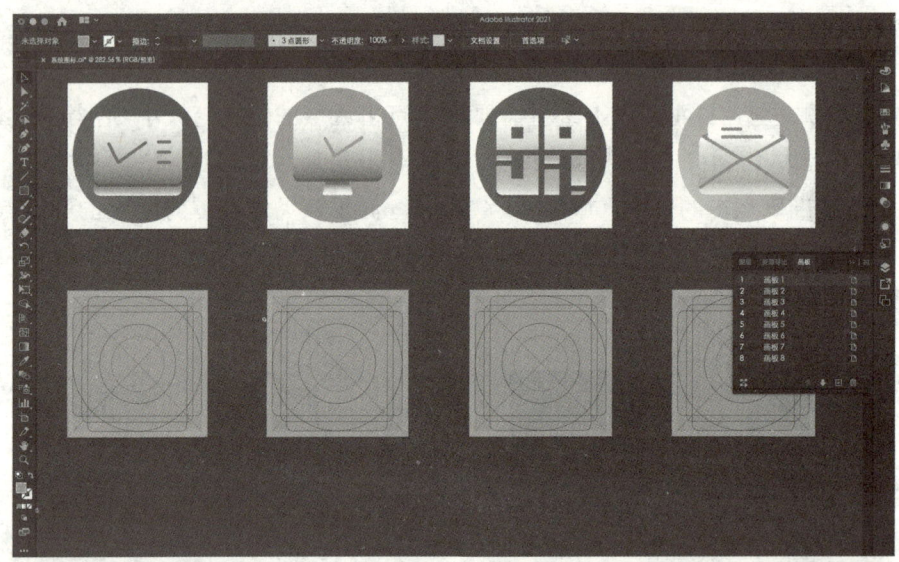

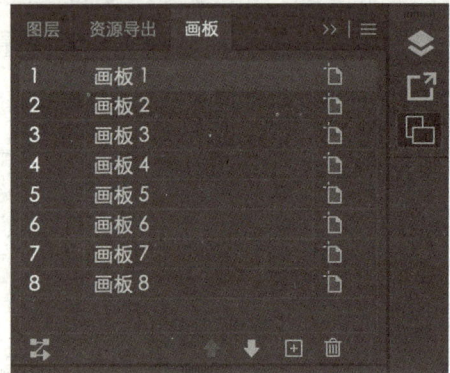
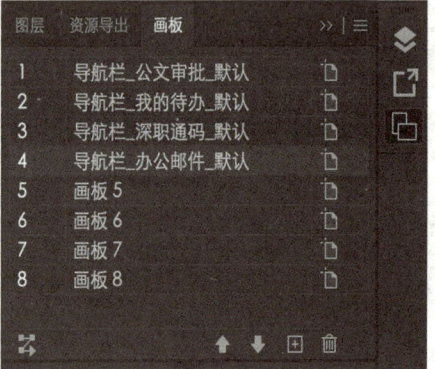

图 6-35　画板设定与命名

2. Photoshop 中页面的标注与切图

在 Photoshop 中对设计稿进行标注与切图时，需要安装相应插件，此处以蓝湖插件为例。

第一步，下载蓝湖插件并安装至 Photoshop。

第二步，打开蓝湖插件面板，可上传全部画板或选中的画板，如图 6-36 所示，上传后的显示结果如图 6-37 所示。

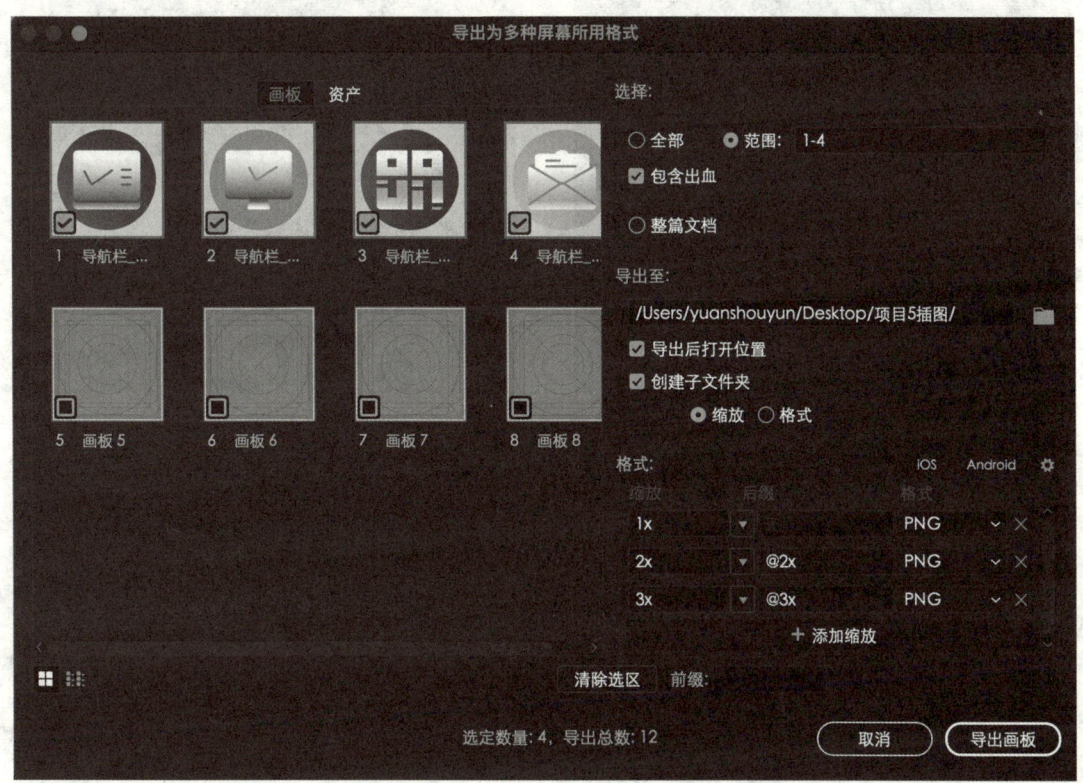

图 6-36　图标导出参数设置

第三步，单击设计图任意地方，即可打开设计图标注面板（图 6-38），查看该设计图元素大小、位置、颜色等信息。单击空白处，即可关闭标注面板。

第四步，打开标注单位列表，即可根据需要选择标注单位，可以选择 iOS、安卓、Web、像素 4 种开发平台，如图 6-39 所示。

第五步，页面切图。以 i 深职首页中的"返校专区"为例。在 Photoshop 面板中选中需要切图的图层或图层组，打开蓝湖插件，标记需要切图的"返校专区"图层组，点击"标记为切图"按钮，如图 6-40、图 6-41 所示。

第六步，前往蓝湖 Web 端，选中设计稿，单击右键后在菜单中选择"下载切图"→"下载选中页面全部切图"，如图 6-42、图 4-43 所示，即可下载切图压缩包，下载切图的结果如图 4-44 所示。注意，在 Photoshop 中，下载切图后无须二次命名。

移动端UI设计

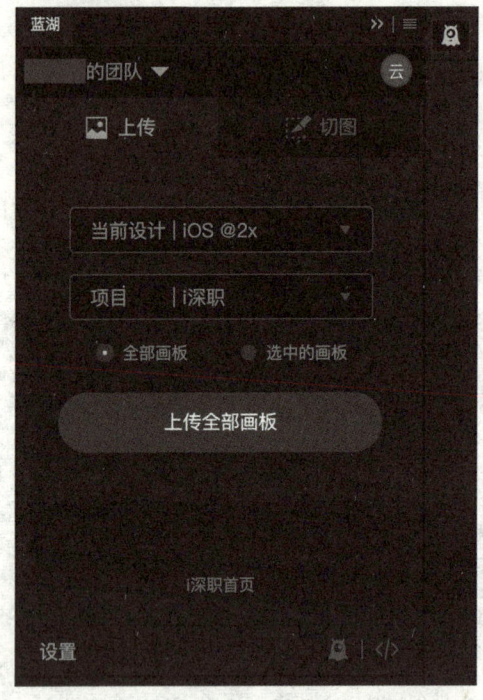

图 6-37　蓝湖插件面板　　　　图 6-38　蓝湖信息面板

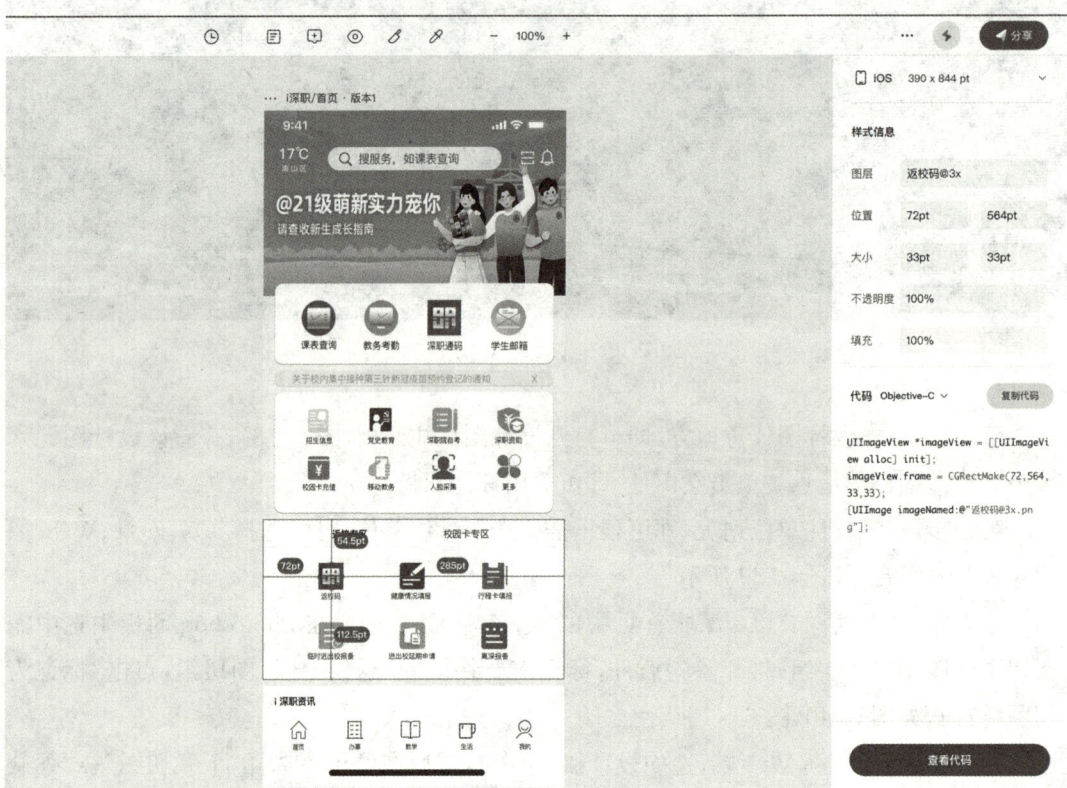

图 6-39　标注面板

图 6-40　选择开发平台

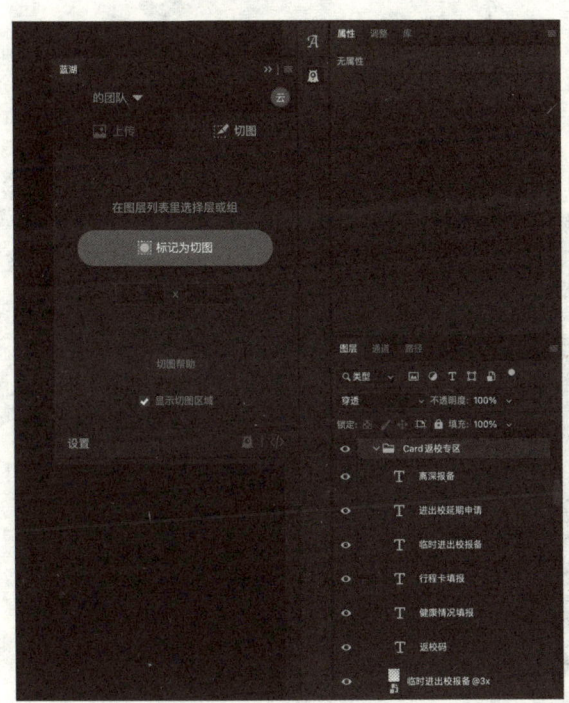

图 6-41　标记为切图

图 6-42　上传成功

图 6-43 下载切图

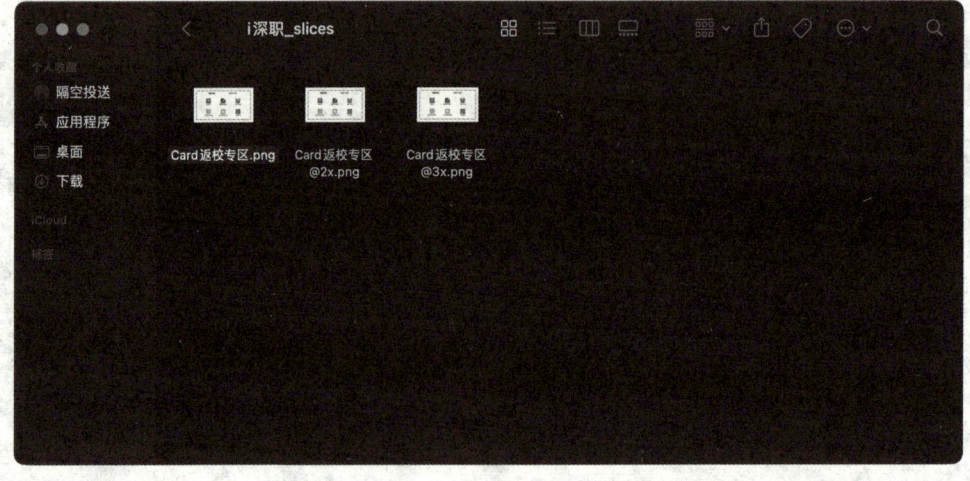

图 6-44 下载切图结果

项目实训

1. 在 Axure RP 中完成产品原型搭建,并测试交互演示效果。
2. 整理产品交付文档,对设计稿文件按照规范进行输出和命名,并且按照开发规范进行切图和标注。

参 考 文 献

[1] 李洪海,石爽.交互界面设计[M].北京:化学工业出版社,2011.
[2] 崔建成.移动端 UI 设计[M].北京:电子工业出版社,2018.
[3] 金景文化.移动设计[M].北京:人民邮电出版社,2014.
[4] 王铎.新印象:解构 UI 界面设计[M].北京:人民邮电出版社,2019.